清 华 电 脑 学 堂

U0227515

Excel与Power BI
数据分析及可视化标准教程

实战微课版　　孙肖云　李飞涛　李振兴◎编著

清華大学出版社

北　京

内容简介

　　全书以Power BI的应用为主导，Excel数据整理和分析为辅助，对数据处理与可视化分析进行全面讲解。全书共8章，以用户熟悉的Excel为出发点，逐渐过渡到Power BI的知识范畴。本书注重理论与实践相结合，大量的"动手练"环节为读者提供实操练习的机会，以便更好地掌握操作要领，加深学习的印象。另外，每章最后放置"新手答疑"板块，总结新手在学习过程中经常遇到的问题，并予以解答。

　　本书结构完整清晰、内容循序渐进、语言通俗易懂、排版美观大方，不仅适合Excel及Power BI入门和进阶读者阅读使用，也适合高等院校相关专业的师生学习使用，还适合数据分析相关岗位的从业者自学使用。

图书在版编目（CIP）数据

Excel与Power BI数据分析及可视化标准教程：实战微课版 / 孙肖云，李飞涛，李振兴编著. —北京：
清华大学出版社，2024.2
（清华电脑学堂）
ISBN 978-7-302-65456-8

Ⅰ.①E…　Ⅱ.①孙…　②李…　③李…　Ⅲ.①表处理软件－教材　②可视化软件－数据分析－教材
Ⅳ.①TP391.13　②TP317.3

中国国家版本馆CIP数据核字（2024）第040459号

责任编辑：袁金敏
封面设计：杨玉兰
责任校对：徐俊伟
责任印制：曹婉颖

出版发行：清华大学出版社
　　　　网　　　址：https://www.tup.com.cn，https://www.wqxuetang.com
　　　　地　　　址：北京清华大学学研大厦A座　　　　邮　　编：100084
　　　　社 总 机：010-83470000　　　　　　　　　　邮　　购：010-62786544
　　　　投稿与读者服务：010-62776969，c-service@tup.tsinghua.edu.cn
　　　　质 量 反 馈：010-62772015，zhiliang@tup.tsinghua.edu.cn
　　　　课 件 下 载：https://www.tup.com.cn，010-83470236
印 装 者：三河市君旺印务有限公司
经　　销：全国新华书店
开　　本：185mm×260mm　　　印　　张：15.5　　　字　　数：390千字
版　　次：2024年3月第1版　　　　　　　　　　　印　　次：2024年3月第1次印刷
定　　价：69.80元

产品编号：104079-01

前 言

Power BI是一款商业智能数据分析及可视化软件，功能强大，操作简单，是许多数据分析工作者的首选工具。

本书内容由Excel和Power BI Desktop（Power BI的Windows桌面应用程序）两部分构成。Excel部分主要介绍原始数据的录入和规范整理、各类数据分析工具的应用，以及常见函数的应用等。在Excel中对数据源进行充分的整理和分析，以降低Power BI中的数据处理难度。Power BI Desktop部分则介绍Power BI的基础知识、数据源的连接、数据源的清洗、数据模型的创建、DAX公式的使用、可视化对象的创建和编辑，以及数据的深度钻取与分组装箱等。

全书共8章，知识体系遵循数据分析的基本流程：数据源的建立→数据的整理→数据分析→数据可视化转换。全书内容循序渐进，知识难度由浅及深，案例丰富且贴合实际，不论是想学习Excel的读者，还是想学习Power BI的读者，通过本书的学习，都能快速提高自己在数据处理方面的能力，从而作出美观又实用的可视化报告。各章内容见表1。

表1

章序	内 容 导 读
第1章	主要介绍数据分析的准备知识，包括Excel与Power BI的优势分析、常见的Power BI工具等
第2章	主要介绍如何通过Excel对数据源进行处理和分析，包括常见的数据类型分析，数据的输入和整理技巧，数据的排序、筛选、条件格式、分类汇总等
第3章	主要介绍如何通过公式与函数对数据进行统计和分析，包括公式与函数的基础知识，以及工作中常见函数的应用等
第4章	主要介绍Power BI的基础知识、Power BI Desktop的安装、界面介绍、视图模式、各种窗格的作用、如何获取数据源，以及Power BI Desktop编辑器等
第5章	主要介绍如何通过Power BI Desktop编辑器导入与合并数据、对行和列执行基本操作、整理数据源、提取和转换数据源、对数据源进行统计和分析等
第6章	主要介绍数据模型的基础知识、数据关系的创建和管理、DAX数据分析表达式的概念，以及DAX的应用实例等
第7章	主要介绍可视化对象的概念、可视化对象的基本操作、报表的基本操作、报表的美化，以及书签的应用等
第8章	主要介绍可视化对象的排序、筛选可视化对象、钻取视觉对象、数据的分组和装箱等

▊本书特色

- **Excel与Power BI数据互通，相辅相成。** Power BI可以从Excel快速获取高质量数据源，并能够实时刷新数据。

- **结构合理，全程图解。** 本书采用全程图解方式，让读者能够直观了解每一步的具体操作。学习轻松，易上手。

- **理论与实操相结合，实用性强。** 本书从始至终贯穿大量"动手练"案例，案例紧密贴合实际工作，读者可以边学习边动手操作，真正做到学以致用。

- **新手答疑，及时解惑。** 本书在每章结尾处均安排了"新手答疑"板块，总结读者在学习过程会遇到的高频问题，及时答疑解惑，让学习不留疑问。

　　本书的配套素材和教学课件可扫描下面的二维码获取，如果在下载过程中遇到问题，请联系袁老师，邮箱：yuanjm@tup.tsinghua.edu.cn。书中重要的知识点和关键操作均配备高清视频，读者可扫描书中二维码边看边学。

　　本书由孙肖云、李飞涛、李振兴编写，在编写过程中作者虽力求严谨细致，但由于时间与精力有限，书中疏漏之处在所难免。如果读者在阅读过程中有任何疑问，请扫描下面的技术支持二维码，联系相关技术人员解决。教师在教学过程中有任何疑问，请扫描下面的教学支持二维码，联系相关技术人员解决。

　　配套素材　　　　教学课件　　　　技术支持　　　　教学支持

目 录

第5章

在Power BI中清洗数据源

第6章

Power BI数据建模和新建计算

第 7 章
创建可视化报表

第 8 章
分析可视化对象

第1章
数据分析的基础知识

Excel是一款出色的电子表格软件，能够轻松完成数据收集、排序、分析、预算、管理、制作报告等各项工作。Power BI的功能则更强大，提供自定义视觉对象，具有交互性，还提供集中共享和协作。Excel和Power BI结合使用，可以实现更完备的服务。本章对Excel与Power BI的优势与不足进行分析，并对Excel的学习方法以及Power Query和Power Pivot两个组件进行介绍。

1.1 从Excel到Power BI

Excel集成了优秀的数据计算与分析功能，用户可以按照自己的思路创建电子表格，并在Excel的帮助下出色地完成工作任务。

1.1.1 数据处理之Excel的应用

Excel是一款功能强大、易于使用且广泛应用的电子表格软件，可以为用户提供大量的数据处理和分析工具，帮助用户更好地应对各种数据处理需求。无论是学生、商务专业人士还是业余电子表格用户，Excel都是进行各种数据分析的首选工具。从基本算术到复杂的公式和计算，Excel都能轻松搞定。Excel具有以下优势。

1. 处理大量数据

如图1-1所示，Excel支持大量数据的处理和存储，可以存储多个工作表和多个工作簿，并提供便于管理和筛选数据的工具，使得用户可以高效地处理大规模数据。

图 1-1

2. 数据计算和分析

如图1-2所示，Excel提供强大的计算和分析功能，包括排序、筛选、统计、数据透视表、图表分析等多种工具，方便用户对数据进行深入的分析和处理。

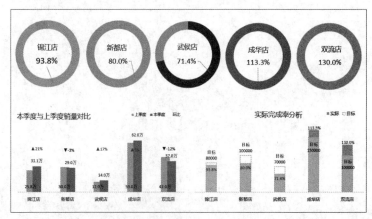

图 1-2

3. 数据可视化

Excel提供强大的数据展示功能，利用图表帮助用户快速、直观地理解数据。

4. 灵活和可定制化

Excel提供多种模板和预设函数，同时也允许用户进行自定义操作，例如自定义函数、设置宏等。宏允许用户自动执行重复性任务，以节省时间。

5. 数据透视功能

Excel的数据透视表功能非常强大，通过一个数据透视表能轻而易举地演变出十几种报表，如图1-3所示。而且操作简单，即使是新手，通过简单的学习便可快速掌握其使用方法。

图 1-3

6. 广泛的应用场景

Excel广泛应用于各种行业和领域，如会计、金融、工程、市场研究等，可以帮助用户处理和分析复杂的数据和业务。

Excel在处理数据时也存在一些劣势，主要体现在以下两方面。

- **数据量**：当数据量过大时，Excel会显得非常吃力，例如，在处理超过100万条的数据时，打开表格会比较慢，查询和计算的速度会明显下降。
- **多用户管理**：在多人协同方面，Excel虽然可以实现文件共享、多人编辑，但是编辑容易起冲突，而且无法实现编辑结果的汇总。

▌1.1.2 Power BI的应用优势

Power BI是在Excel的基础上发展起来的，两者之间有着千丝万缕的关系。如果具备一定的Excel基础，学习Power BI会轻松很多。例如Power BI中的DAX语言，很多函数从名称到作用，以及参数都和Excel完全相同。

Power BI是微软公司开发的一种商业分析产品，用于数据可视化和分析。Power BI能够以一种快速，简便，强大的方式来分析和显示数据，其优点表现在以下几方面。

1. 易于使用

Power BI提供直观的用户界面和简单易懂的拖放功能，使用户可以快速创建仪表盘和报表，无须编程知识，如图1-4所示。

图 1-4

2. 强大的数据整合能力

Power BI可以连接各种数据源，包括Excel、SQL Server、Salesforce、Web数据等，使用户可以轻松获取和整合数据。

3. 丰富的可视化选项

Power BI提供多种图表和图形选项，使用户能够以多种方式展示和分析数据，从而更好地理解数据，如图1-5所示。

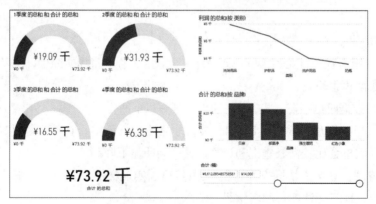

图 1-5

4. 即时数据更新

Power BI与数据源实时连接，使用户可以随时获取最新数据，并及时更新仪表盘和报表。

5. 与其他微软公司的工具进行集成

Power BI与其他微软公司的工具（如Excel、Azure等）的无缝集成，使用户可以更加高效地使用和分享数据。

Power BI的不足表现在限制性的数据处理能力方面，Power BI在处理大型数据集时可能会有一些限制，需要对数据进行预处理来满足其要求。

总地来说，Excel和Power BI的数据可以共享。Power BI可以创建视觉对象、报表和数据集，并可以将分析结果导出到Excel。同样，使用Excel建立的数据模型、报告也可以顺畅地导入Power BI进行分析。

Excel是简单数据收集的理想工具。将Power BI连接到Excel中类似于表单的数据收集工具，操作简单、灵活。例如，可填写一个Excel电子表格表单，将其放入共享文件夹，然后观察Power BI提取这些新条目的情况。

1.2 数据分析工具的应用

前文介绍了Power BI是微软公司的产品，除了Power BI之外，微软公司还有很多以Power开头的工具，如PowerPoint（简称PPT，可以翻译为超级演示）。在数据分析领域以Power开头的工具还包括Power Query（简称PQ，可以翻译为超级查询）、Power Pivot（简称PP，可以翻译为超级透视）等。下面对Power Query和Power Pivot的应用进行简单介绍。

1.2.1 认识Power Query与Power Pivot

Power Query与Power Pivot是Excel中的插件，其中，Power Query也是Power BI的重要组件，下面先来认识一下这两个工具。

（1）Power Query

Power Query的主要作用是数据的整理和清洗，适合处理各种数据转换和清理工作。作为Excel的插件，能够弥补其处理大数据时的不足。

（2）Power Pivot

Power Pivot的主要用于执行强大的数据分析和创建复杂的数据模型。Excel借助Power Pivot汇总各种来源的大量数据，快速分析信息并轻松共享见解。

1.2.2 Power Query在Excel中的应用

Excel 2010和Excel 2013版本需要手动加载Power Query插件才能使用相关功能，Excel 2016之后的版本则直接嵌入了Power Query功能。

下面以Excel 2016为例，介绍如何启动Power Query编辑器。

Step 01 打开"数据"选项卡，在"获取和转换"组中单击"新建查询"下拉按钮，在下拉列表中选择"合并查询"选项，在其下级列表中选择"启动Power Query编辑器"选项，如图1-6所示。

Step 02 系统随即打开"Power Query编辑器"，如图1-7所示。用户可以向该编辑器中导入数据，并对数据进行整理和清洗。

图 1-6

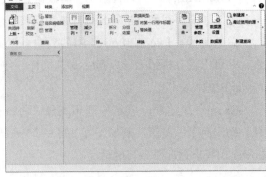

图 1-7

动手练 向Power Query编辑器中导入数据库数据

启动Power Query编辑器后可以向编辑器中导入数据源，下面以导入Access数据库中的数据为例进行介绍。

Step 01 打开"数据"选项卡，在"获取和转换"组中单击"新建查询"下拉按钮，在下拉列表中选择"合并查询"选项，在其下级列表中选择"启动Power Query编辑器"选项，如图1-8所示。

Step 02 系统随即自动打开"Power Query编辑器"，在"主页"选项卡中单击"新建源"下拉按钮，在下拉列表中选择"数据库'选项，在其下级列表中选择Access选项，如图1-9所示。

图 1-8

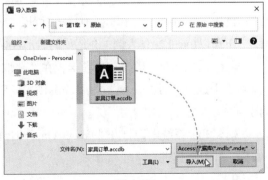

图 1-9

Step 03 在弹出的"导入数据"对话框中找到要使用的Access文件，单击"导入"按钮，如图1-10所示。

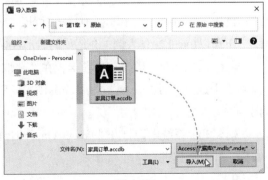

图 1-10

Step 04 弹出"导航器"对话框。选择要导入其中数据的表格，对话框右侧会显示该表格中的数据预览，单击"确定"按钮，开始导入数据，如图1-11所示。

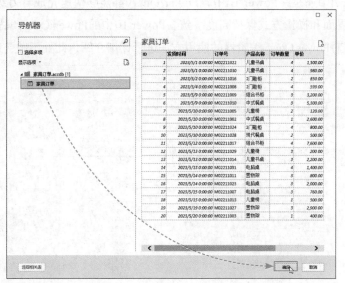

图 1-11

Step 05 数据被导入成功后会在"Power Query编辑器"窗口中自动显示，如图1-12所示。

图 1-12

知识点拨

在"Power Query编辑器"中处理完数据，可以单击"主页"选项卡中的"关闭并上载"按钮，将该编辑器中的数据导入当前Excel工作表中，如图1-13所示。

图 1-13

1.2.3 Power BI中的Power Query编辑

不管是在Excel中还是在Power BI中，Power Query都能够快速完成百万级别数据的处理和分析，并且工作界面和操作方式保持高度一致。Power BI中的Power Query编辑界面如图1-14所示。本书第5章将对Power Query编辑器的使用方法进行详细介绍，此处不做赘述。

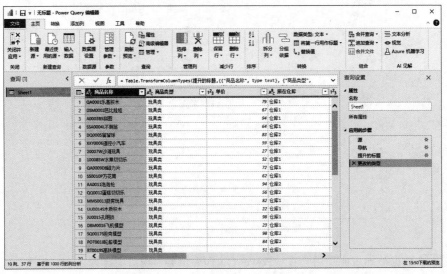

图 1-14

1.2.4 在Excel中启用Power Pivot功能

Power Pivot在Excel 2010以及Excel 2013中以插件的形式存在，而Excel 2016及之后的版本中内置了这项功能。下面以Excel 2016专业增强版为例，介绍如何向功能区中添加Power Pivot选项卡。

Step 01 打开"文件"菜单，单击"选项"按钮，如图1-15所示。

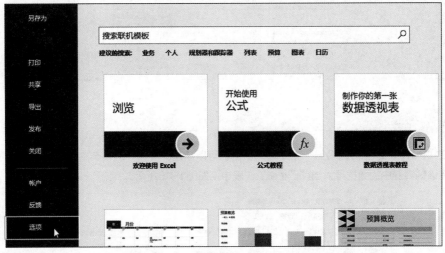

图 1-15

Step 02 弹出"Excel选项"对话框，切换到"自定义功能区"界面，在右侧列表框中勾选"Power Pivot"复选框，随后单击"确定"按钮，如图1-16所示。

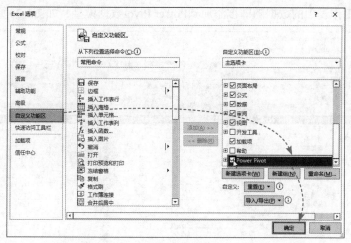

图 1-16

Step 03 功能区中随即增加Power Pivot选项卡，通过该选项卡中提供的命名按钮可以打开Power Pivot for Excel窗口、将当前工作表中的数据添加到数据模型并进行数据分析等，如图1-17所示。

图 1-17

动手练 将数据添加到Power Pivot数据模型

用户可以将当前工作表中的数据添加到Power Pivot数据模型，其操作方法非常简单，具体操作步骤如下。

Step 01 在功能区中添加Power Pivot选项卡，然后打开该选项卡，选中数据表中的任意一个单元格，单击"添加到数据模型"按钮，如图1-18所示。

Step 02 弹出"创建表"对话框，此时文本框中已经自动引用了整个数据源区域，单击"确定"按钮，如图1-19所示。

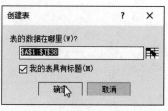

图 1-18

图 1-19

Step 03 当前工作表中的数据随即被添加到Power Pivot数据模型，如图1-20所示。

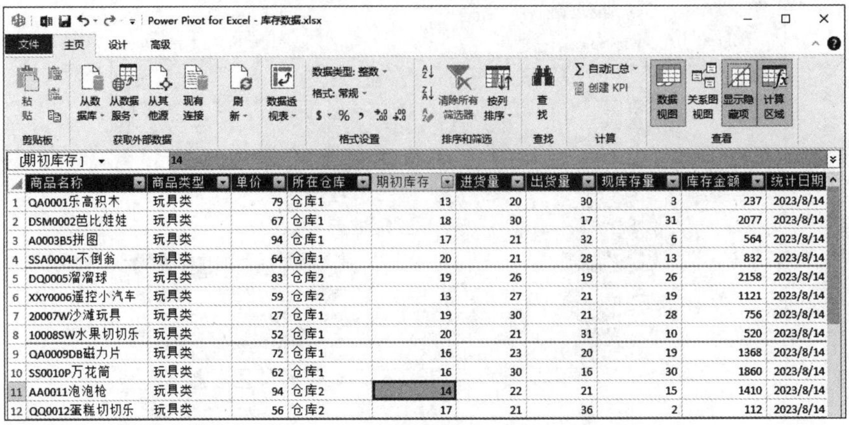

图 1-20

动手练 管理数据模型

创建Power Pivot数据模型后，可以在Power Pivot for Excel窗口对已加载的数据进行处理。

Step 01 打开Power Pivot选项卡，单击"管理"按钮，如图1-21所示。

图 1-21

Step 02 打开Power Pivot for Excel窗口，选中"统计日期"列中的任意一个单元格，在"主页"选项卡的"格式设置"组中可以看到当前列的数据类型为"日期"，单击该选项下方的"格式"下拉按钮，在下拉列表中选择"2001年3月14日"选项，如图1-22所示。

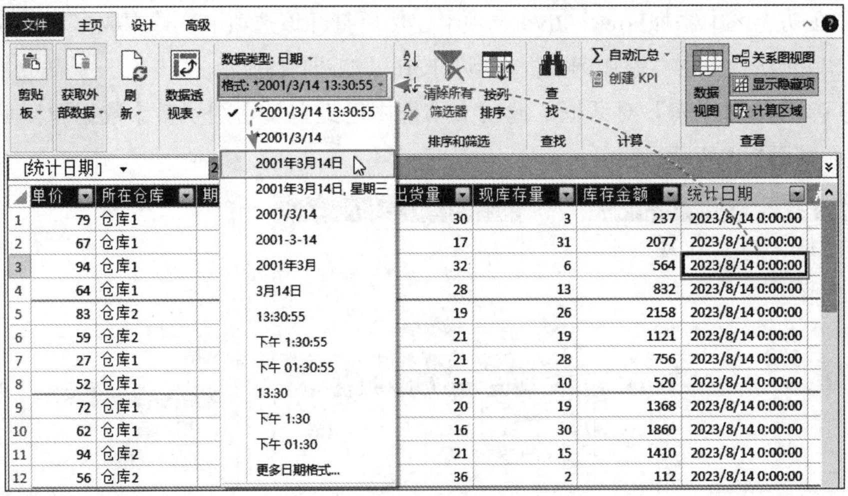

图 1-22

Step 03 选中"库存金额"列中的任意一个单元格,在"格式设置"组中单击"格式"下拉按钮,在下拉列表中选择"货币"选项,如图1-23所示。

图 1-23

Step 04 此时统计日期和库存金额两列中的数据类型便得到了更改,效果如图1-24所示。

图 1-24

Step 05 选中"库存金额"列中的任意一个单元格,在"主页"选项卡的"排序和筛选"组中单击"从小到大排序"按钮,如图1-25所示。将该列中的值按照从小到大的顺序进行重新排列。

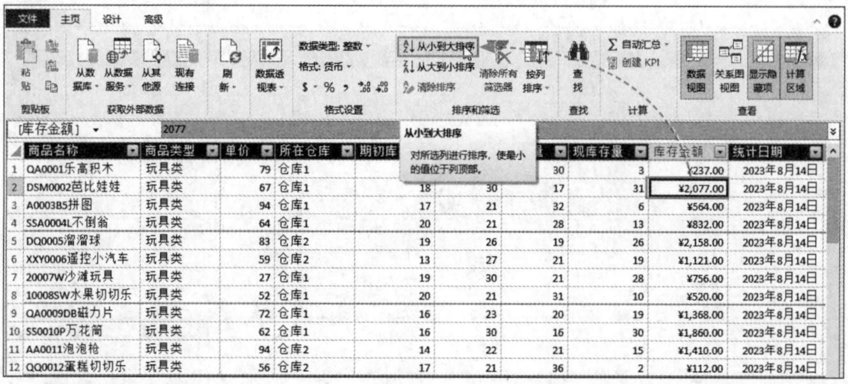

图 1-25

Step 06 选中"库存金额"列中的任意一个单元格，在"主页"选项卡的"计算"组中单击"自动汇总"下拉按钮，在下拉列表中选择"总和"选项，如图1-26所示。

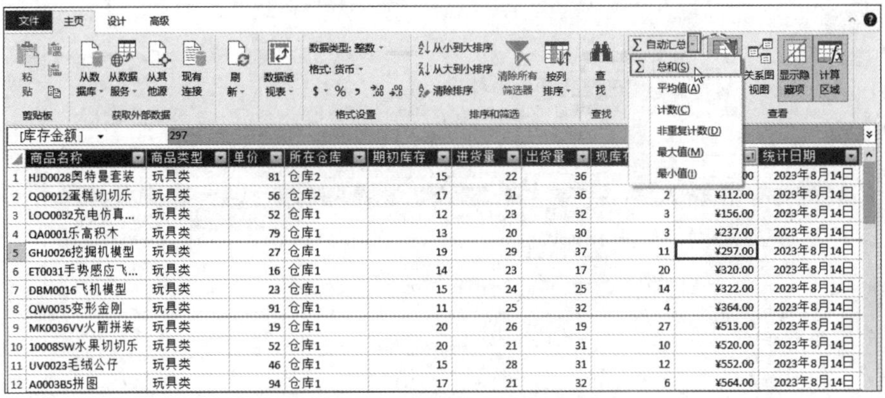

图 1-26

Step 07 "库存金额"列下方随即显示库存金额的求和结果，但是由于受到列宽的限制，单元格中的内容无法完整显示，用户还需要适当调整该列的列宽，将光标移动到"库存金额"列标题的右侧，光标变成水平的双向箭头时按住鼠标左键向右侧拖动，如图1-27所示。

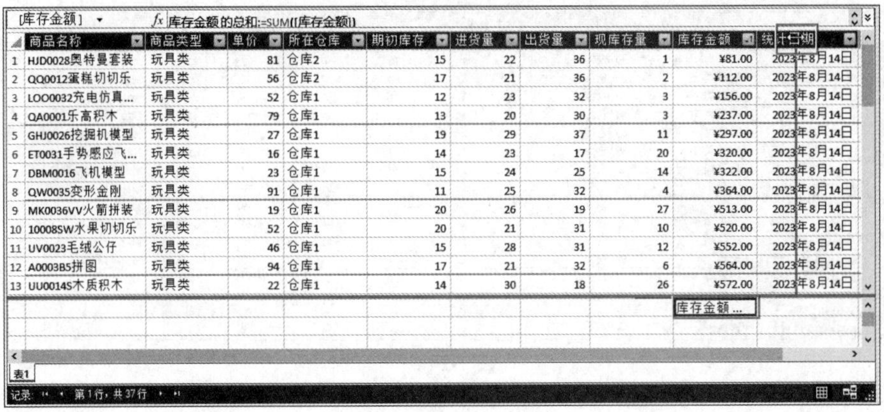

图 1-27

Step 08 松开鼠标后，列宽得到了调整，同时库存金额的总和计算结果便可以完整地显示出来，如图1-28所示。

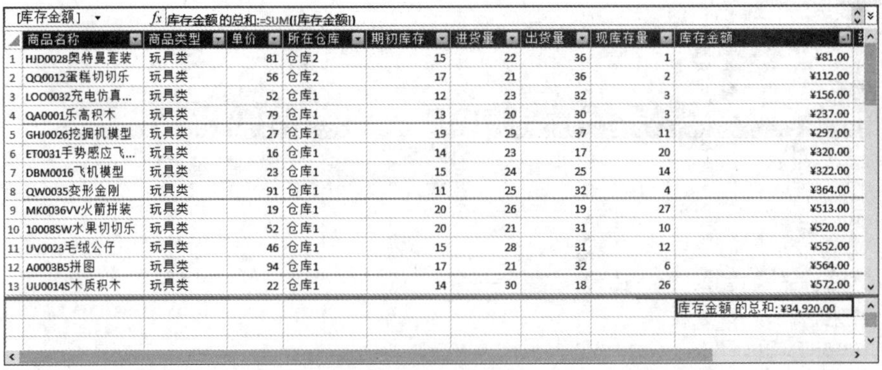

图 1-28

1.3　新手答疑

1. Q: 如何在空白数据模型中导入数据源？

A: 在Excel中的Power Pivot选项卡中单击"管理"按钮，打开Power Pivot for Excel窗口，此时该窗口是空白的没有任何数据，通过"主页"选项卡的"获取外部数据"组中提供的命令按钮，可以导入不同类型的数据源，如图1-29所示。

图 1-29

例如需要导入Access数据库中的数据，可以单击"从数据库"下拉按钮，从下拉列表中选择"从Access"选项，系统随即弹出"表导入向导"对话框。单击"浏览"按钮，从弹出的对话框中选择要导入其中数据的Access文件，然后单击"下一步"按钮，如图1-30所示。在下一步对话框中勾选要加载的表，单击"完成"按钮即可，如图1-31所示。

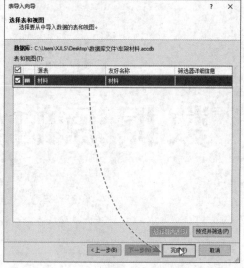

图 1-30　　　　　　　　　　　　　　　　　　图 1-31

2. Q: 如何在 Excel 界面中隐藏 Power Pivot 选项卡？

A: 只需再次打开"Excel选项"对话框，在"自定义功能区"列表中取消"Power Pivot"复选框的勾选即可，如图1-32所示。

图 1-32

第2章
数据源的处理和分析

　　Excel表格中的数据是Power BI连接的主要数据源之一。
若导入Power BI中的数据已经过处理和分析，基本符合报表的
制作要求，则会为Power BI的后续操作节省很多时间，从而提
升工作效率。而且对于新手来说，掌握Excel的使用方法，有
助于后续Power BI的学习和应用。本章将对Excel数据源的录
入和整理，以及数据分析的常用工具进行详细介绍。

2.1 Excel中常见的数据类型

Excel中常见的数据包括文本、数字、日期、各类符号、逻辑值等。这些数据可以分为五类，下面对每种类型数据的特点进行详细介绍。

2.1.1 文本型数据

在Excel中，文本型数据包括汉字、英文字母、符号、空格等。默认情况下，文本型数据自动沿单元格左侧对齐。当输入的文本型数据超出了当前单元格的宽度时，若右边相邻单元格中没有数据，文本型数据会往右延伸；若右侧单元格中有数据，超出部分的数据则会被隐藏，若想将隐藏的内容完全显示，则需要加大单元格的宽度，如图2-1所示。

	A	B	C	D
1	Excel			
2	数据源			
3	#			
4	Excel中常见的数据类型			
5	Excel中常ｊ	Ctrl		
6				

图 2-1

有一种比较特殊的文本型数据，即文本型的数字。当数字被作为名称或某种属性信息使用，而不用于比较和计算时，为了避免Excel把这些数字按数值型数据处理，可以将其转换为文本型数字。例如邮政编码、电话号码、银行账号、身份证号码等，默认情况下，文本型数字所在单元格左上角会显示绿色的三角形图标，且和其他文本型数据一样靠单元格左侧对齐。文本型数字和数值型数字的对比效果如图2-2所示（文本型数字和数值型数字的相互转换，请阅读2.2.3节的内容）。

文本型数字	数值型数字
11223	11223
0163577	163577
2289032	2289032
7556	7556

图 2-2

2.1.2 数值型数据

数值型数据包括数字以及含有正号、负号、货币符号、百分比号等符号的数据。默认情况下，数值型数据自动沿单元格右侧对齐。在输入过程中，有以下几种比较特殊的情况要注意。

（1）负数：在数值前加一个"–"号或把数值放在括号里，都可以输入负数，例如，在单元格中输入"–10"或输入"（10）"后按Enter键，单元格中都会显示"–10"，如图2-3、图2-4所示。

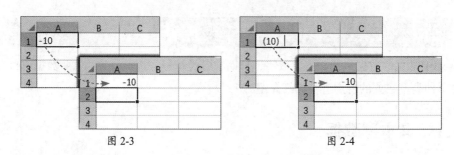

图 2-3   图 2-4

（2）分数：要在单元格中输入分数形式的数据，需要先输入"0"和一个空格，然后再输入分数，否则Excel会把分数当作日期处理。例如，在单元格中输入分数"1/2"，按Enter键后会显示"1月2日"，如图2-5所示。只有先输入"0"和一个空格，然后再输入"1/2"，按Enter键后单元格中才会显示分数"1/2"，如图2-6所示。

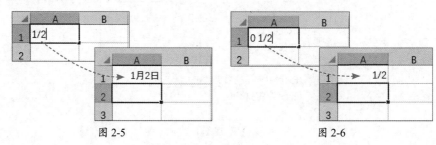

图 2-5   图 2-6

（3）科学数字格式：科学数字格式即以科学记数法显示的数字。当在单元格中输入的数字超过11位时，确认输入后自动以科学数字格式显示，如图2-7所示。

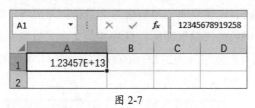

图 2-7

2.1.3　日期和时间型数据

Excel中的日期和时间型数据其实属于数值型数据，输入日期时，年、月、日之间要用"/"符号或"-"符号隔开，例如，输入"2023-9-15"或"2023/9/15"都会显示"2023/9/15"，如图2-8、图2-9所示。

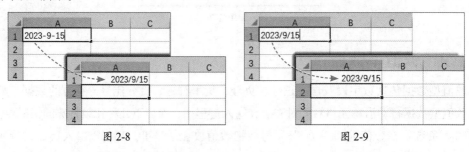

图 2-8   图 2-9

除了用符号作为日期的分隔符，也可以直接输入"2023年9月15日"这种格式的日期。在Excel中这两种日期格式被称为"短日期"和"长日期"，如图2-10所示。

短日期	长日期
2023/9/15	2023年9月15日

图 2-10

用户也可以简写日期。当省略年直接输入月和日时，系统会默认该日期为当前年份。例如，输入"9/10"，按Enter键，单元格中会显示"9月10日"，而编辑栏中则显示"2023/9/10"，如图2-11所示。当省略日，直接输入年和月时，系统会默认该日期为对应月份的第1日。例如，输入"2023/12"，确认输入后单元格中会显示"Dec-23"，在编辑栏中可以查看到完整的日期为"2023/12/1"，如图2-12所示。

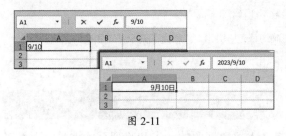

图 2-11

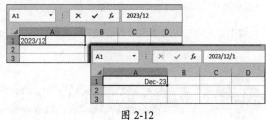

图 2-12

输入时间时，时、分、秒之间要用冒号隔开，例如"19:45:12"。若要在单元格中同时输入日期和时间，日期和时间之间应该用空格隔开。

2.1.4 逻辑值

Excel中的逻辑值只有两个值，即TRUE和FALSE，主要用于逻辑判断，TRUE表示"真"（是），FALSE表示"假"（否）。默认情况下，逻辑值在单元格内居中显示。

逻辑值可以手动输入，也可以由公式返回。例如，在单元格中输入公式"=2>1"，会返回逻辑值TRUE（表示逻辑判断成立），输入"=2<1"，会返回逻辑值FALSE（表示逻辑判断不成立），如图2-13所示。

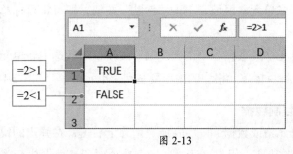

图 2-13

知识点拨

> 逻辑值虽然看起来像文本，但并不是文本。在计算时，TRUE代表数字1，FALSE代表数字0。

2.1.5 错误值

错误值一般由公式产生，常见的错误值类型包括#DIV/0、#NAME?、#VALUE!、#REF!、#N/A、#NUM!、#NULL!，错误值产生的原因见表2-1。

表2-1

错误值类型	错误值产生的常见原因
#DIV/0	被除数为0，或者在除法公式中分母指定为空白单元格
#NAME?	利用不能定义的名称，或者名称输入错误，或文本没有加双引号
#VALUE!	参数的数据格式错误，或者函数中使用的变量或参数类型错误
#REF!	公式中引用了无效的单元格
#N/A	参数中没有输入必需的数值，或者查找与引用函数中没有匹配检索的数据
#NUM!	参数中指定的数值过大或过小，函数不能计算正确的答案
#NULL!	使用了不正确的区域运算符、不正确的单元格引用，或指定了两个并不相交的区域的交点

2.2 数据的输入和整理

规范的数据源是顺利进行数据分析的前提，因此数据源的录入和整理至关重要。下面对Excel中常用的数据录入和整理方法进行详细介绍。

2.2.1 移动或复制数据

在编辑数据的过程中合理使用移动或复制功能，可以减少重复性工作，提高工作效率。

执行移动或复制的方法有很多种，用户可以使用功能区命令按钮、右键菜单、快捷键等方式执行移动或复制操作。

1. 使用功能区命令按钮移动或复制数据

在表格中选中目标单元格或数据，打开"开始"选项卡，在"剪贴板"组中单击"剪切"按钮，随后选中新单元格或单元格区域，单击"粘贴"按钮，即可将目标单元格中的内容移动到新单元格中。

在表格中选中目标单元格或数据，单击"复制"按钮，随后选中新单元格或单元格区域，单击"粘贴"按钮，即可将目标单元格中的内容复制到新单元格中，如图2-14所示。

2. 使用右键菜单移动或复制数据

在表格中选中目标单元格或数据，随后在所选内容上右击，在弹出的快捷菜单中包含"剪切""复制"以及"粘贴"选项，用户可通过这三个选项对所选数据执行剪切或复制操作，如图2-15所示。

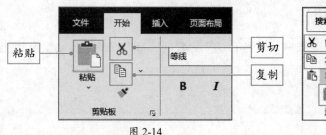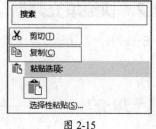

图 2-14　　　　　　　　　　　图 2-15

3. 使用快捷键移动或复制数据

移动数据时可使用Ctrl+X组合键剪切数据，用Ctrl+V组合键粘贴数据。

复制数据时可使用Ctrl+C组合键复制数据，用Ctrl+V组合键粘贴数据。

4. 复制数据时可选择的粘贴方式

复制数据时，默认将数据以及单元格格式一起复制。但是在工作的过程中往往要面对很多不同的情况，例如只复制内容不复制格式、复制公式时只复制结果值而不复制公式、将内容复制为图片、让复制的内容与源数据保持链接、复制时自动实现行列转置等。此时便要选择相应的粘贴方式。

执行复制操作后，选中需要粘贴的单元格区域，然后在"开始"选项卡中执行如图2-16所示的操作，或在如图2-17所示的右键菜单中选择需要的粘贴方式。

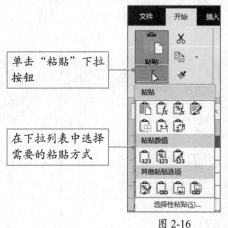

图 2-16　　　　　　　　图 2-17

粘贴选项说明如图2-18所示。

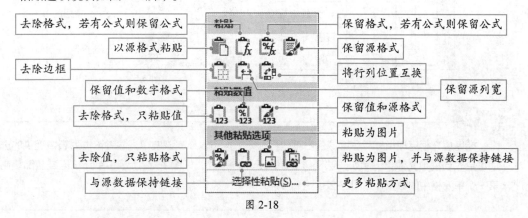

图 2-18

19

2.2.2 快速填充数据

在Excel中，不管是重复的数据，还是有规律的数据，都可以使用自动填充功能进行快速录入。

动手练 **填充序号**

填充序号时可以使用拖曳填充柄的方式进行操作。下面介绍具体操作方法。

Step 01 分别在单元格中输入数字1和数字2，随后将这两个单元格选中，将光标移动到单元格的右下角，此时光标会变成十形状，这个黑色的十字形图标即为填充柄，如图2-19所示。

	A	B	C	D	E	F
1	序号	水果	销量	单位	单价	金额
2	1	山竹	92	kg	¥22.00	¥2,024.00
3	2	苹果	16	箱	¥55.00	¥880.00
4		香蕉	27	kg	¥3.80	¥102.60
5		草莓	20	盒	¥20.00	¥400.00
6		蓝莓	15	盒	¥30.00	¥450.00
7		西瓜	99	斤	¥2.50	¥247.50

填充柄

图 2-19

Step 02 按住鼠标左键并向下方拖动，如图2-20所示。拖动到目标位置后松开鼠标，单元格中随即被自动填充序号，如图2-21所示。

	A	B	C	D
1	序号	水果	销量	单位
2	1	山竹	92	kg
3	2	苹果	16	箱
4		香蕉	27	kg
5		草莓	20	盒
6		蓝莓	15	盒
7		西瓜	99	斤
8		水蜜桃	18	箱
9		火龙果	93	kg
10		葡萄	51	kg
11		荔枝	59	kg
12		橙子	48	kg
13		柠檬	10	kg
14		橘子	33	斤
15		菠萝	55	kg
16		芒果	18	kg

图 2-20

	A	B	C	D
1	序号	水果	销量	单位
2	1	山竹	92	kg
3	2	苹果	16	箱
4	3	香蕉	27	kg
5	4	草莓	20	盒
6	5	蓝莓	15	盒
7	6	西瓜	99	斤
8	7	水蜜桃	18	箱
9	8	火龙果	93	kg
10	9	葡萄	51	kg
11	10	荔枝	59	kg
12	11	橙子	48	kg
13	12	柠檬	10	kg
14	13	橘子	33	斤
15	14	菠萝	55	kg
16	15	芒果	18	kg

图 2-21

知识点拨

拖曳填充柄完成填充后，区域的右下角会显示图按钮。单击该按钮，通过下拉列表中提供的选项可更改当前填充效果。例如，选择"复制单元格"选项，如图2-22所示，单元格区域随即复制第一个单元格中的数据，如图2-23所示。

	A	B	C	D
1	序号	水果	销量	单位
2	1	山竹	92	kg
3	2	苹果	16	箱
4	3	香蕉	27	kg
5	4	草莓	20	盒
6	5	蓝莓	15	盒
7	6	西瓜	99	斤
8	7	水蜜桃	18	箱
9	8	火龙果	93	kg
10	9	葡萄	51	kg
11	10			kg
12	11			kg
13	12			kg
14	13			斤
15	14			kg
16	15		18	kg

复制单元格(C)
填充序列(S)
仅填充格式(F)
不带格式填充(O)
快速填充(F)

图 2-22

	A	B	C	D
1	序号	水果	销量	单位
2	1	山竹	92	kg
3	1	苹果	16	箱
4	1	香蕉	27	kg
5	1	草莓	20	盒
6	1	蓝莓	15	盒
7	1	西瓜	99	斤
8	1	水蜜桃	18	箱
9	1	火龙果	93	kg
10	1	葡萄	51	kg
11	1	荔枝	59	kg
12	1	橙子	48	kg
13	1	柠檬	10	kg
14	1	橘子	33	斤
15	1	菠萝	55	kg
16	1	芒果	18	kg

图 2-23

　　当需要在连续的区域中填充相同的文本内容或日期序列时，也可以使用填充柄进行操作，操作
方法与填充序号基本相同。在填充日期序列时只需要选中一个包含日期的单元格，然后拖动鼠标即
可实现序列填充。

2.2.3　文本型数字和数值型数字的相互转换

　　文本型数字和数值型数字虽然外观看起来一样，但本质是不同的数据类型。文本型的数值
只能参与四则运算，无法参与函数公式运算，如果参与运算，可能造成计算错误或者不显示计
算结果。

动手练 输入文本型数字

　　当在Excel中输入位数较多的数字时会遇到以下两个问题：

　①超过11位的数字，会自动转换为科学记数法的形式显示。

　②Excel的数值精度为15位，超过15位的数字会自动转换为"0"，如图2-24所示。

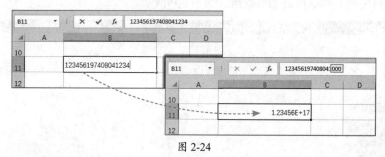

图 2-24

　　为了避免上述情况，可以先将单元格设置成文本格式，再输入数字，这样所输入的数字便
不再受到位数的限制。下面以输入身份证号码为例进行讲解。

Step 01 选择需要输入身份证号码的单元格区域，在"开始"选项卡的"数字"组中单击
"数字格式"下拉按钮，在下拉列表中选择"文本"选项，如图2-25所示。

Step 02 所选区域随即被设置为文本格式，此时在该单元格区域中的任意一个单元格内输入的数字即为文本型数字，如图2-26所示。

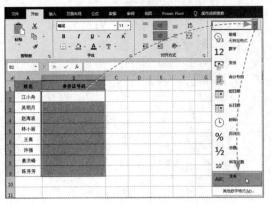

图 2-25　　　　　　　　　　　　　　　图 2-26

知识点拨

　　除了更改单元格格式，用户也可先输入一个英文状态的单引号，然后再输入数字，这样也可以将所输入的数字转换为文本格式，如图2-27所示。

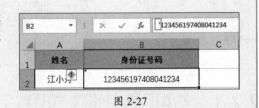

图 2-27

动手练 将数值型数字转换成文本型数字

　　若数字已经被输入到单元格中，将单元格格式转换为"文本"并不能让数字直接转换成文本格式，此时还需要多执行一步操作。下面介绍具体操作方法。

Step 01 选中包含手机号码的单元格区域，在"开始"选项卡的"数字"组中单击"数字格式"下拉按钮，在下拉列表中选择"文本"选项，如图2-28所示。

Step 02 保持所选区域不变，按Ctrl+C组合键进行复制，随后在"开始"选项卡的"剪贴板"组中单击"剪贴板"对话框启动器按钮，如图2-29所示。

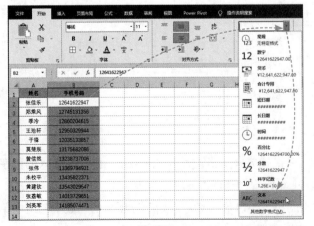

图 2-28

图 2-29

Step 03 窗口左侧随即自动打开"剪贴板"窗格，该窗格中显示被复制的所有电话号码，单击"全部粘贴"按钮，此时所选区域中每个单元格的左上角均出现了绿色的小三角标志，说明手机号码已经被转换为文本类型，如图2-30所示。

图 2-30

动手练 将文本型数字转换成数值型数字

为了不影响数据的计算，可以将表格中的文本型数字转换为数值型数字，下面介绍具体的操作方法。

Step 01 选中包含文本型数字的单元格或单元格区域，此时单元格右侧会显示◆按钮，单击该按钮，在下拉列表中选择"转换为数字"选项，如图2-31所示。

Step 02 所选单元格区域中的所有数字随即被转换为数值型，如图2-32所示。

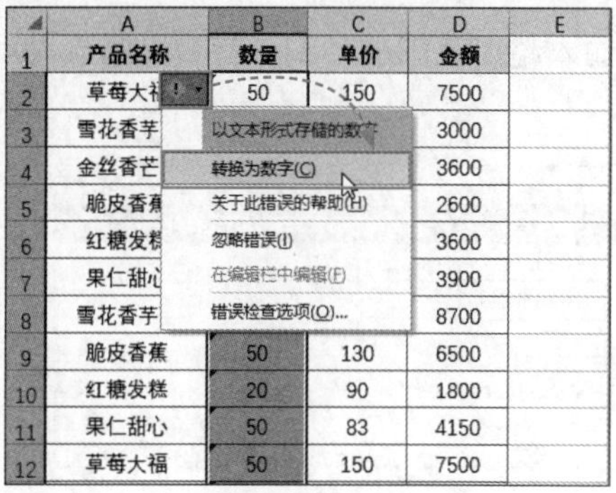

图 2-31

图 2-32

2.2.4 限制值的输入范围

为了避免在表格中输入超出范围的数值或日期，可以通过"数据验证"功能限制数据的录入范围。

动手练 设置只允许输入指定范围的日期

下面以只允许在单元格中输入"2023/10/1"至"2023/10/31"的日期为例。

Step 01 选中需要限制数据输入范围的单元格区域，打开"数据"选项卡，在"数据工具"组中单击"数据验证"按钮，如图2-33所示。

图 2-33

Step 02 弹出"数据验证"对话框，在"设置"选项卡中单击"允许"下拉按钮，在下拉列表中选择"日期"选项，如图2-34所示。

Step 03 单击"数据"下拉按钮，在下拉列表中选择"介于"选项，如图2-35所示。

图 2-34

图 2-35

Step 04 随后输入开始日期为"2023/10/1"，结束日期为"2023/10/31"，设置完成后单击"确定"按钮关闭对话框，如图2-36所示。

Step 05 此时，在设置了验证条件的单元格中输入超出范围的日期，将弹出错误提示对话框，如图2-37所示。

图 2-36

图 2-37

动手练 设置只允许输入1～100的数字

设置数值的输入范围与设置日期的输入范围的操作方法基本相同。例如需要将输入的数值限制为1～100，可以先选中单元格区域，打开"数据验证"对话框，设置"允许"输入"整数"，"数据"使用默认的"介于"，接着输入"最小值"为"1"，"最大值"为"100"，单击"确定"按钮即可，如图2-38所示。

图 2-38

2.2.5 重复内容的处理

当数据源中包含重复内容时，需要将重复的部分删除。为了防止向表格中输入重复的数据，从根源解决重复内容的问题，可以设置禁止输入重复内容。

动手练 清除重复记录

当数据源中包含重复记录时，若用眼逐一查找，不仅浪费时间，而且容易漏掉。此时可使用Excel内置的"删除重复值"功能快速删除重复记录，具体的操作方法如下。

Step 01 选中包含重复值的单元格区域（连同标题一起选中），打开"数据"选项卡，在"数据工具"组中单击"删除重复值"按钮，如图2-39所示。

Step 02 弹出"删除重复值"对话框，在"列"列表框中包含了所选数据源中的所有列标题，将不需要排查重复值的列取消勾选，此处取消"序号"复选框的勾选，单击"确定"按钮，如图2-40所示。

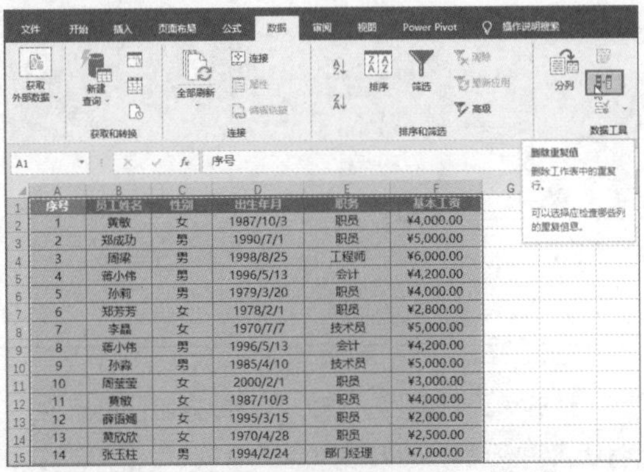

图 2-39

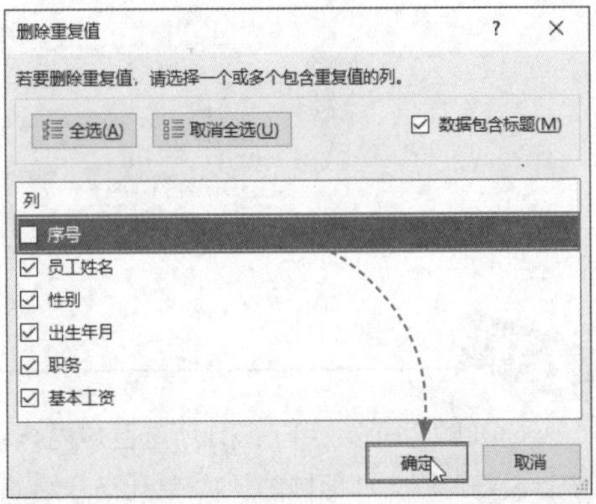

图 2-40

Step 03 系统随后弹出对话框，提示删除的重复项数量以及保留的唯一值数量，单击"确定"按钮，即可将表格中的重复项删除，如图2-41所示。

图 2-41

动手练 禁止输入重复数据

表格中有些数据具有唯一性，此时可以使用"数据验证"功能设置指定的区域内禁止输入重复内容，具体的操作方法如下。

Step 01 选中需要禁止输入重复数据的单元格区域，此处选择A2:A11单元格区域，打开"数据"选项卡，在"数据工具"组中单击"数据验证"按钮。

Step 02 弹出"数据验证"对话框，在"设置"选项卡中设置验证条件"允许"为"自定义"，接着设置"公式"为"=COUNTIF($A$2:$A$11,A2)=1"，单击"确定"按钮，如图2-42所示。

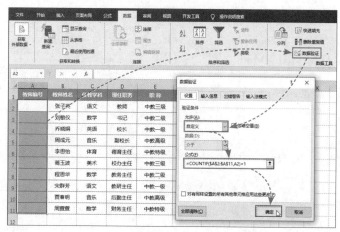

图 2-42

Step 03 设置完成后，在所选单元格区域中输入重复的数据，系统将弹出停止对话框，用户可单击"重试"按钮，重新输入数据，或单击"取消"按钮，取消当前输入的内容，如图2-43所示。

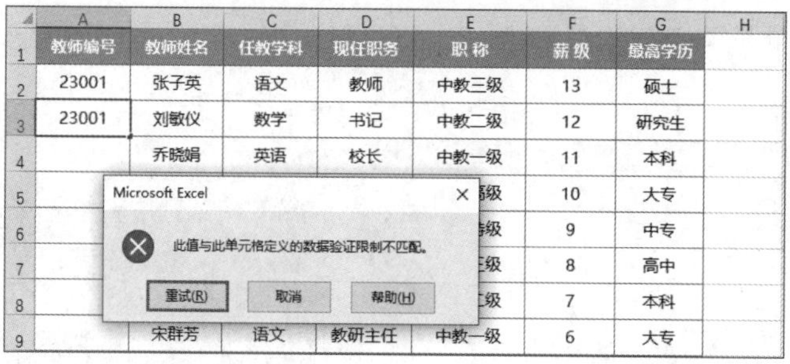

图 2-43

知识点拨

COUNTIF函数用于统计所选区域内符合指定条件的单元格数目。作为本例数据验证的条件，统计$A$2:$A$11区域内从A2单元格开始，每个单元格中所包含的内容只能出现1次。

2.2.6 数据的拆分与合并

在整理数据源的过程中，拆分与合并数据是比较常见的操作。用户可以使用多种方法拆分或合并数据。

动手练 根据分隔符号拆分数据

用作数据分析的数据源，要求行列清晰，属性明确，一个单元格中通常只输入一种属性的数据。当多种属性的数据混合出现在一个单元格中时，需要对数据进行拆分。在Excel中拆分数据有很多种方法，拆分数据前应先观察混合数据的特点，然后根据特点选择合适的拆分方法。下面使用"分列"功能拆分数据。

Step 01 选中需要拆分的数据所在的单元格区域，打开"数据"选项卡，在"数据工具"组中单击"分列"按钮，如图2-44所示。

Step 02 弹出"文本分列向导-第1步，共3步"对话框，此处保持默认选中"分隔符号"单选按钮，单击"下一步"按钮，如图2-45所示。

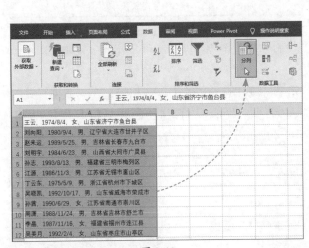

图 2-44

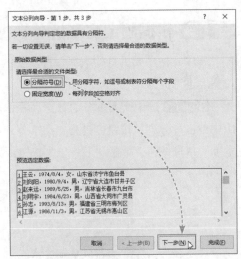

图 2-45

Step 03 打开"文本分列向导-第2步，共3步"对话框，勾选"其他"复选框，并在右侧文本框中输入所选混合数据的分隔符，单击"下一步"按钮，如图2-46所示。

Step 04 打开"文本分列向导-第3步，共3步"对话框，保持所有选项为默认，单击"完成"按钮，如图2-47所示。

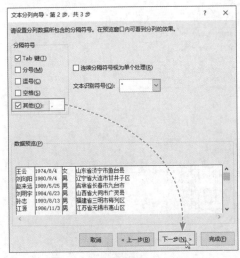

图 2-46

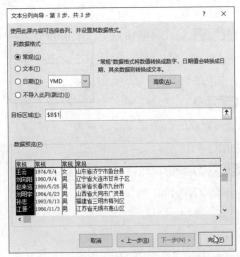

图 2-47

Step 05 混合数据随即根据分隔符位置自动拆分为多列，如图2-48所示。

	A	B	C	D	E	F
1	王云	1974/8/4	女	山东省济宁市鱼台县		
2	刘向阳	1980/9/4	男	辽宁省大连市甘井子区		
3	赵来运	1989/5/25	男	吉林省长春市九台市		
4	刘明宇	1984/6/23	男	山西省大同市广灵县		
5	孙志	1993/8/13	男	福建省三明市梅列区		
6	江源	1986/11/3	男	江苏省无锡市惠山区		
7	丁云东	1975/5/9	男	浙江省杭州市下城区		
8	吴晓凯	1992/10/17	男	山东省威海市荣成市		
9	孙茜	1990/6/29	女	江苏省南通市崇川区		
10	周潇	1988/11/24	男	吉林省吉林市舒兰市		
11	李晶	1987/11/16	女	福建省福州市连江县		
12	吴美月	1992/2/4	女	山东省枣庄市山亭区		

图 2-48

动手练 根据固定宽度拆分数据

若单元格中要拆分的数据每种属性的字符宽度基本相同，可以使用"分列"功能，根据字符宽度进行拆分。

Step 01 选中需要拆分的数据所在的单元格区域，打开"数据"选项卡，在"数据工具"组中单击"分列"按钮，打开"文本分列向导-第1步，共3步"对话框。在对话框中选中"固定宽度"单选按钮，单击"下一步"按钮，如图2-49所示。

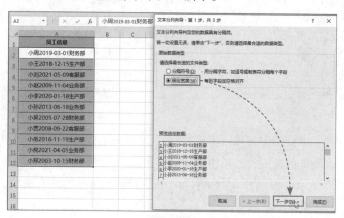

图 2-49

Step 02 在"数据预览"区域中要分列的位置单击，添加分隔线，随后单击"下一步"按钮，如图2-50所示。

Step 03 在"目标区域"文本框中引用存放拆分后数据的首个单元格，单击"完成"按钮，如图2-51所示。

Step 04 所选单元格区域中的混合数据根据对话框中添加的分隔线自动分列显示，如图2-52所示。

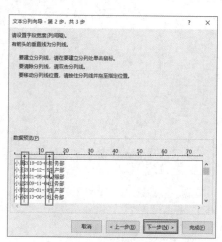

图 2-50

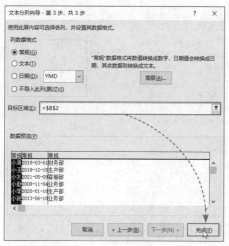

图 2-51

	A	B	C	D	E	F
1	**员工信息**					
2	小周2019-03-01财务部	小周	2019/3/1	财务部		
3	小王2018-12-15生产部	小王	2018/12/15	生产部		
4	小刘2021-05-09客服部	小刘	2021/5/9	客服部		
5	小赵2009-11-04业务部	小赵	2009/11/4	业务部		
6	小李2020-01-18生产部	小李	2020/1/18	生产部		
7	小孙2013-06-18业务部	小孙	2013/6/18	业务部		
8	小吴2005-07-28财务部	小吴	2005/7/28	财务部		
9	小贾2008-09-22客服部	小贾	2008/9/22	客服部		
10	小岳2016-11-19生产部	小岳	2016/11/19	生产部		
11	小倪2021-04-05业务部	小倪	2021/4/5	业务部		
12	小郑2003-10-15财务部	小郑	2003/10/15	财务部		

图 2-52

知识点拨

使用"分列"功能拆分数据时，也可以跳过某些不需要在拆分后显示的列。在"文本分列向导-第3步，共3步"对话框中的"数据预览"区域单击要跳过的列，选中"不导入此列（跳过）"单选按钮，最后单击"完成"按钮即可，如图2-53所示。

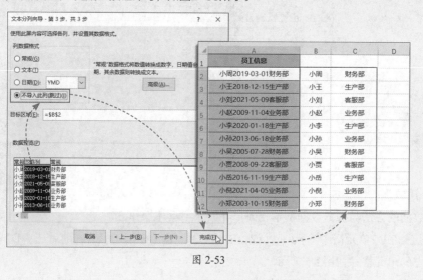

图 2-53

动手练 使用"快速填充"功能拆分或合并数据

"快速填充"是Excel 2013版本新增的一种功能，使用该功能可以轻松完成各种数据拆分或合并。

1.快速拆分数据

Step 01 分别在B2、C2、D2单元格中手动输入A2中第一条信息的拆分示例，如图2-54所示。

Step 02 选中B3单元格，按Ctrl+E组合键，即可拆分出A列所有合并信息中的姓名，如图2-55所示。

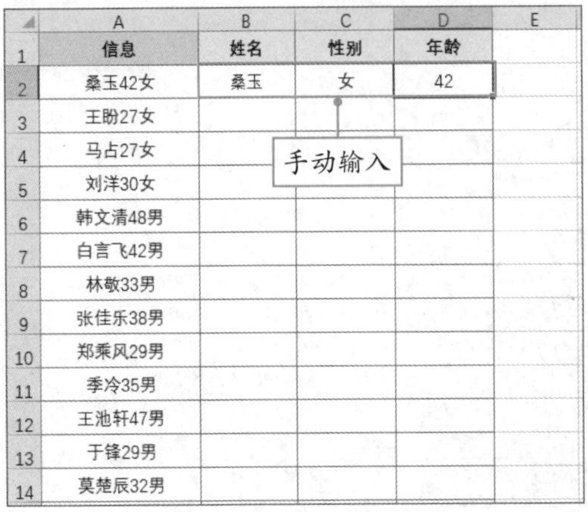

	A	B	C	D	E
1	信息	姓名	性别	年龄	
2	桑玉42女	桑玉	女	42	
3	王盼27女				
4	马占27女				
5	刘洋30女				
6	韩文清48男				
7	白言飞42男				
8	林敬33男				
9	张佳乐38男				
10	郑乘风29男				
11	季冷35男				
12	王池轩47男				
13	于锋29男				
14	莫楚辰32男				

图 2-54

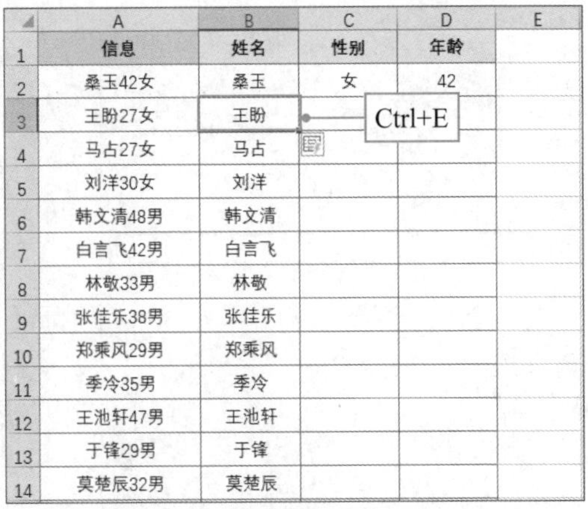

	A	B	C	D	E
1	信息	姓名	性别	年龄	
2	桑玉42女	桑玉	女	42	
3	王盼27女	王盼			
4	马占27女	马占			
5	刘洋30女	刘洋			
6	韩文清48男	韩文清			
7	白言飞42男	白言飞			
8	林敬33男	林敬			
9	张佳乐38男	张佳乐			
10	郑乘风29男	郑乘风			
11	季冷35男	季冷			
12	王池轩47男	王池轩			
13	于锋29男	于锋			
14	莫楚辰32男	莫楚辰			

图 2-55

Step 03 依次选中C3单元格，按Ctrl+E组合键，拆分出性别信息；选中D3单元格，按Ctrl+E组合键，拆分出年龄信息，如图2-56所示。

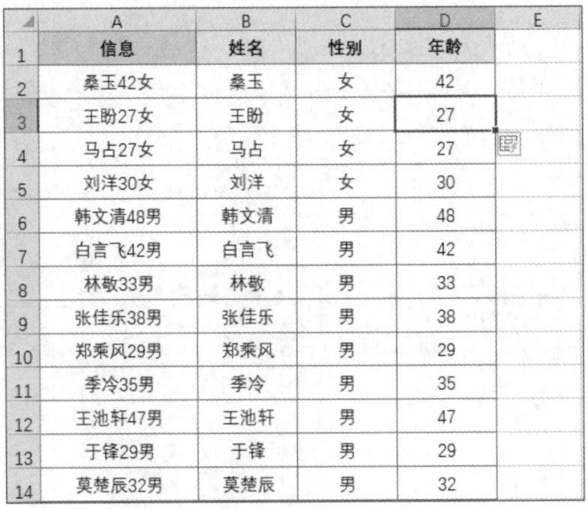

	A	B	C	D	E
1	信息	姓名	性别	年龄	
2	桑玉42女	桑玉	女	42	
3	王盼27女	王盼	女	27	
4	马占27女	马占	女	27	
5	刘洋30女	刘洋	女	30	
6	韩文清48男	韩文清	男	48	
7	白言飞42男	白言飞	男	42	
8	林敬33男	林敬	男	33	
9	张佳乐38男	张佳乐	男	38	
10	郑乘风29男	郑乘风	男	29	
11	季冷35男	季冷	男	35	
12	王池轩47男	王池轩	男	47	
13	于锋29男	于锋	男	29	
14	莫楚辰32男	莫楚辰	男	32	

图 2-56

2. 快速合并数据

合并数据的方法与拆分数据基本相同，下面介绍具体操作方法。

Step 01 在D2单元格中输入一个A2、B2和C2单元格的合并示例，随后选中D2单元格，或选中其下方的单元格，如图2-57所示。

Step 02 按Ctrl+E组合键，即可根据合并示例合并左侧多个列中的数据，如图2-58所示。

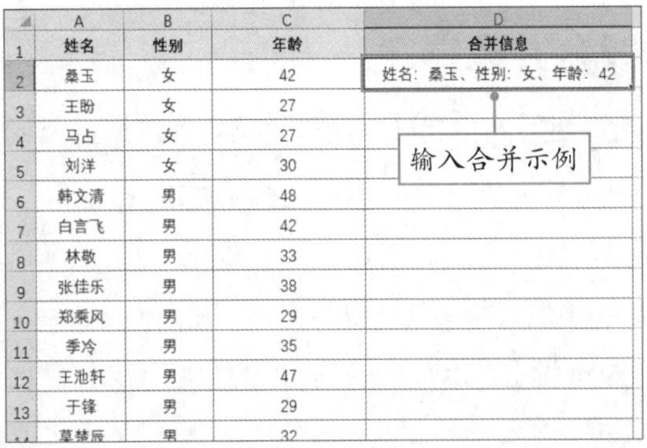

	A	B	C	D
1	姓名	性别	年龄	合并信息
2	桑玉	女	42	姓名：桑玉、性别：女、年龄：42
3	王盼	女	27	
4	马占	女	27	
5	刘洋	女	30	
6	韩文清	男	48	
7	白言飞	男	42	
8	林敬	男	33	
9	张佳乐	男	38	
10	郑乘风	男	29	
11	季冷	男	35	
12	王池轩	男	47	
13	于锋	男	29	
14	莫楚辰	男	32	

图 2-57

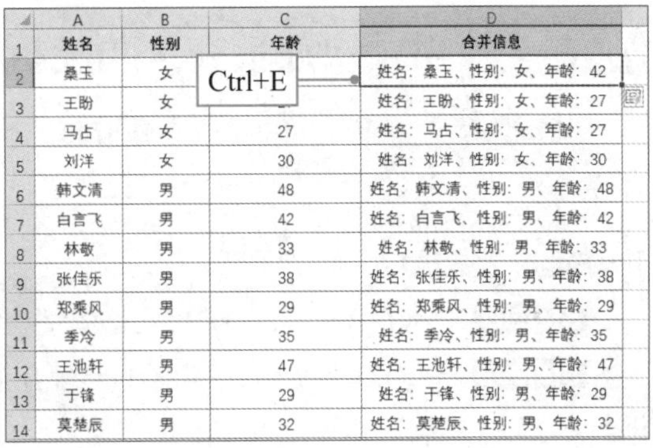

	A	B	C	D
1	姓名	性别	年龄	合并信息
2	桑玉	女	42	姓名：桑玉、性别：女、年龄：42
3	王盼	女	27	姓名：王盼、性别：女、年龄：27
4	马占	女	27	姓名：马占、性别：女、年龄：27
5	刘洋	女	30	姓名：刘洋、性别：女、年龄：30
6	韩文清	男	48	姓名：韩文清、性别：男、年龄：48
7	白言飞	男	42	姓名：白言飞、性别：男、年龄：42
8	林敬	男	33	姓名：林敬、性别：男、年龄：33
9	张佳乐	男	38	姓名：张佳乐、性别：男、年龄：38
10	郑乘风	男	29	姓名：郑乘风、性别：男、年龄：29
11	季冷	男	35	姓名：季冷、性别：男、年龄：35
12	王池轩	男	47	姓名：王池轩、性别：男、年龄：47
13	于锋	男	29	姓名：于锋、性别：男、年龄：29
14	莫楚辰	男	32	姓名：莫楚辰、性别：男、年龄：32

图 2-58

使用"快速填充"功能时，被拆分或合并的数据必须与原始数据表相邻，中间不能有空白列，否则无法完成拆分。

2.2.7 更正不规范的日期

在表格中输入的或从外部导入的日期，如果格式不规范，Excel不会将其识别为日期，如图2-59所示，从而对数据的统计和分析造成不便。因此当数据源中包含格式不规范的日期时，需要将其转换为标准的日期格式。

不规范的日期格式
2023.5.19
2022、08、12
2024年10月1
2023年
11月

图 2-59

动手练 替换日期的分隔符

当日期使用统一的符号作为分隔符时，可使用"查找和替换"功能替换日期中的分隔符，具体的操作方法如下。

Step 01 选中包含日期的单元格区域，按Ctrl+H组合键，打开"查找和替换"对话框。在"替换"选项卡中的"查找内容"文本框中输入当前日期中的分隔符号，在"替换为"文本框中输入日期的标准分隔符"/"，单击"全部替换"按钮，如图2-60所示。

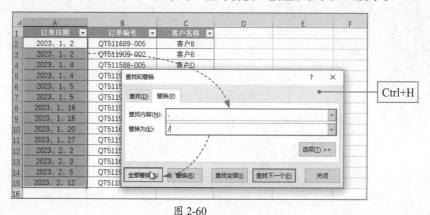

图 2-60

Step 02 系统随即弹出对话框，提示完成了多少处替换，单击"确定"按钮关闭对话框，如图2-61所示。

Step 03 此时所选区域中所有日期的分隔符已经被替换，日期被转换为标准格式，如图2-62所示。

31

图 2-61

	A	B	C	D
1	订单日期	订单编号	客户名称	
2	2023/1/2	QT511689-005	客户B	
3	2023/1/2	QT511909-002	客户B	
4	2023/1/4	QT511588-005	客户D	
5	2023/1/4	QT511962-004	客户B	
6	2023/1/5	QT511587-004	客户D	
7	2023/1/5	QT511962-002	客户B	
8	2023/1/16	QT511586-005	客户D	
9	2023/1/16	QT511962-001	客户B	
10	2023/1/20	QT511674-001	客户C	
11	2023/1/27	QT511962-006	客户B	
12	2023/2/2	QT511572-004	客户A	
13	2023/2/3	QT511689-004	客户B	
14	2023/2/5	QT511909-001	客户B	
15	2023/2/12	QT511962-008	客户B	

图 2-62

动手练 批量转换多种不规范的日期格式

使用"分列"功能，可以将多种不规范的日期格式快速更改为标准的日期格式，具体操作方法如下。

Step 01 选中包含日期的单元格区域，打开"数据"选项卡，在"数据工具"组中单击"分列"按钮。弹出"文本分列向导-第1步，共3步"对话框，单击"下一步"按钮，如图2-63所示。

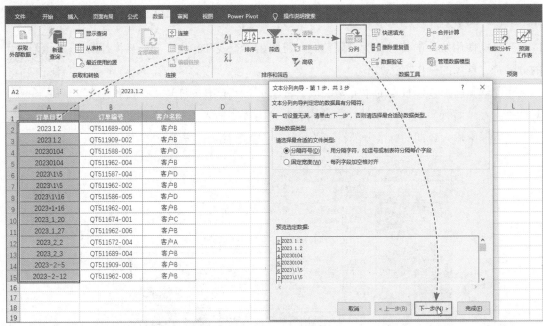

图 2-63

Step 02 进入第2步对话框，保持默认设置，再次单击"下一步"按钮，打开第3步对话框，选中"日期"单选按钮，单击"完成"按钮，如图2-64所示。

Step 03 所选单元格区域中的日期随即被更改为标准日期格式，如图2-65所示。

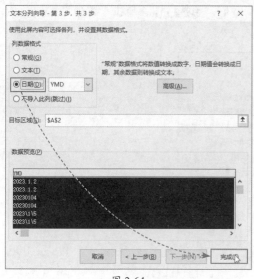

图 2-64

	A	B	C
1	订单日期	订单编号	客户名称
2	2023/1/2	QT511689-005	客户B
3	2023/1/2	QT511909-002	客户B
4	2023/1/4	QT511588-005	客户D
5	2023/1/4	QT511962-004	客户B
6	2023/1/5	QT511587-004	客户D
7	2023/1/5	QT511962-002	客户B
8	2023/1/16	QT511586-005	客户D
9	2023/1/16	QT511962-001	客户B
10	2023/1/20	QT511674-001	客户C
11	2023/1/27	QT511962-006	客户B
12	2023/2/2	QT511572-004	客户A
13	2023/2/3	QT511689-004	客户B
14	2023/2/5	QT511909-001	客户B
15	2023/2/12	QT511962-008	客户B

图 2-65

2.2.8　空值的处理

当数据源区域包含空白单元格、空行或空列时，空白单元格代表数据的缺失，空行和空列还会破坏数据源的完整性，很容易造成数据源的割裂，会将一份完整的数据源分隔成多段，用户需要根据实际情况对数据源中的空值进行处理。

动手练 批量填充空白单元格

当需要在不相邻的多个区域中批量填充相同内容时，可以先定位要输入内容的单元格区域，然后一次性输入内容。例如，在指定区域中的所有空白单元格内输入数字0，具体操作方法如下。

Step 01 选中包含空白单元格的区域，按Ctrl+G组合键打开"定位"对话框。单击"定位条件"按钮，如图2-66所示。

	A	B	C	D	E
1	销售日期	上海	广州	北京	深圳
2	2023/11/1	35	25	74	87
3	2023/11/2	46	42	39	
4	2023/11/3		24		74
5	2023/11/4	34	57	86	65
6	2023/11/5	67	78		96
7	2023/11/6		26	50	37
8	2023/11/7	35		95	
9	2023/11/8		74	47	69
10	2023/11/9	66	25	40	48
11	2023/11/10	35	67		88
12					

图 2-66

Step 02 系统弹出"定位条件"对话框，选择"空值"单选按钮，单击"确定"按钮，如图2-67所示。

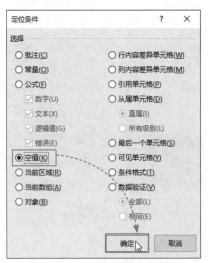

图 2-67

Step 03 所选区域中的空白单元格全部被选中。直接输入0，然后按Ctrl+Enter组合键，空白单元格全部自动填充数字0，如图2-68所示。

	A	B	C	D	E	F
1	销售日期	上海	广州	北京	深圳	
2	2023/11/1	35	25	74	87	
3	2023/11/2	46	42	39		
4	2023/11/3		24		74	
5	2023/11/4	34	57	86		
6	2023/11/5	67	78			
7	2023/11/6		26	50		
8	2023/11/7	35		95		
9	2023/11/8		74	47		
10	2023/11/9	66	25	40		
11	2023/11/10	35	67			
12						

Ctrl+Enter

	A	B	C	D	E	F
1	销售日期	上海	广州	北京	深圳	
2	2023/11/1	35	25	74	87	
3	2023/11/2	46	42	39	0	
4	2023/11/3	0	24	0	74	
5	2023/11/4	34	57	86	65	
6	2023/11/5	67	78	0	96	
7	2023/11/6	0	26	50	37	
8	2023/11/7	35	0	95	0	
9	2023/11/8	0	74	47	69	
10	2023/11/9	66	25	40	48	
11	2023/11/10	35	67	0	88	
12						

图 2-68

动手练 删除包含空白单元格的行或列

若数据源中的空白单元格形成无效信息，则可将包含空白单元格的行或列删除，以清除无效数据。下面以删除包含空白单元格的行为例进行介绍。

Step 01 选中包含数据源的单元格区域，按Ctrl+G组合键，打开"定位"对话框，单击"定位条件"按钮，如图2-69所示。

Step 02 打开"定位条件"对话框，选中"空值"单选按钮，单击"确定"按钮，如图2-70所示。

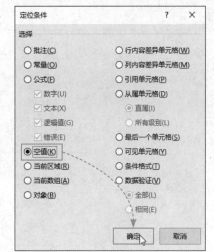

图 2-69 图 2-70

Step 03 数据源中的所有空白单元格被选中，右击任意被选中的单元格，在弹出的快捷菜单中选择"删除"选项，如图2-71所示。

Step 04 打开"删除文档"对话框，选中"整行"单选按钮，单击"确定"按钮，如图2-72所示。

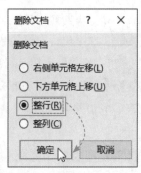

图 2-71 图 2-72

Step 05 数据源中包含空白单元格的行被全部删除，如图2-73所示。

	A	B	C	D	E	F	G
1	销售日期	商品	上海	广州	北京	深圳	
2	2023/11/1	商品3	35	25	74	87	
3	2023/11/2	商品1	46	42	39	0	
4	2023/11/4	商品2	34	57	86	65	
5	2023/11/5	商品3	67	78	0	96	
6	2023/11/6	商品2	0	26	50	37	
7	2023/11/8	商品1	0	74	47	69	
8	2023/11/9	商品3	66	25	40	48	
9	2023/11/10	商品1	35	67	0	88	

图 2-73

知识点拨

　　若要删除包含空白单元格的整列，只需在"删除文档"对话框中选择"整列"单选按钮即可，如图2-74所示。

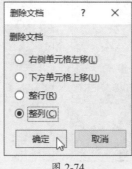

图 2-74

动手练 批量删除数据源中的所有空行

　　批量删除空行的方法不止一种，使用上述定位空值的方法可以批量删除数据源中的空行和空列。将整个数据源选中，随后使用"定位"功能定位所有空白单元格，所有空行或空列被选中，最后执行删除操作即可。此处介绍另外一种常用操作，使用"筛选"功能批量选择空行，然后进行删除。下面介绍具体的操作方法。

　　Step 01 选中包含空行的数据源区域，打开"数据"选项卡，在"排序和筛选"组中单击"筛选"按钮，将数据源切换到筛选模式，如图2-75所示。

　　Step 02 数据源中的每个标题单元格内均显示下拉按钮，单击任意标题中的下拉按钮，在下拉列表中取消勾选"全选"复选框，只勾选最底部的"空白"复选框，单击"确定"按钮，如图2-76所示。

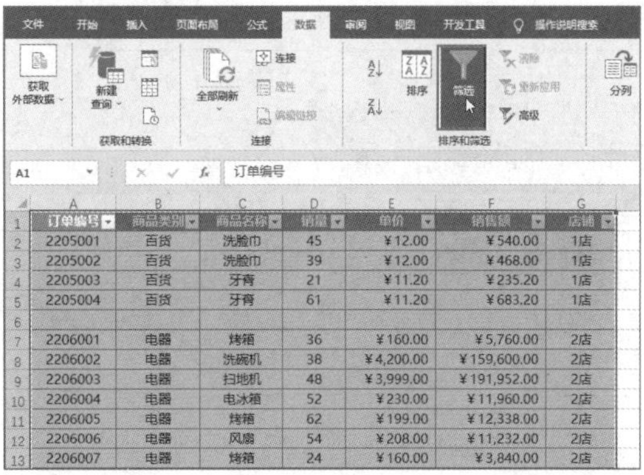

图 2-75 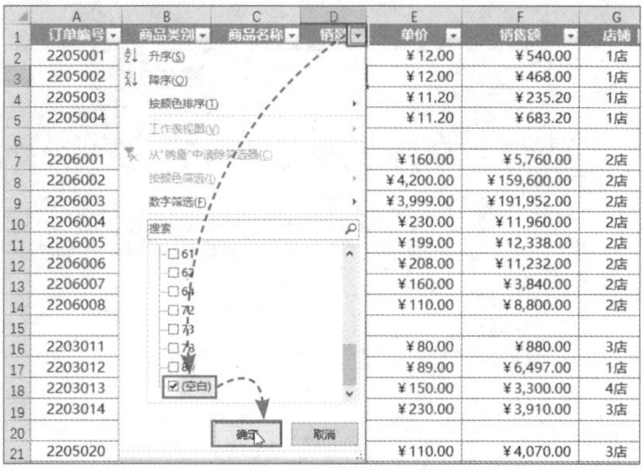　　　　　　　　　　　　　　　　图 2-76

　　Step 03 数据源中的所有空行随即被筛选出来，选中所有空行，并在选中的空行上方右击，在弹出的快捷菜单中选择"删除行"选项，即可删除所有空行，如图2-77所示。

　　Step 04 打开"数据"选项卡，在"排序和筛选"组中单击"清除"按钮，使被隐藏的数据重新显示，如图2-78所示。

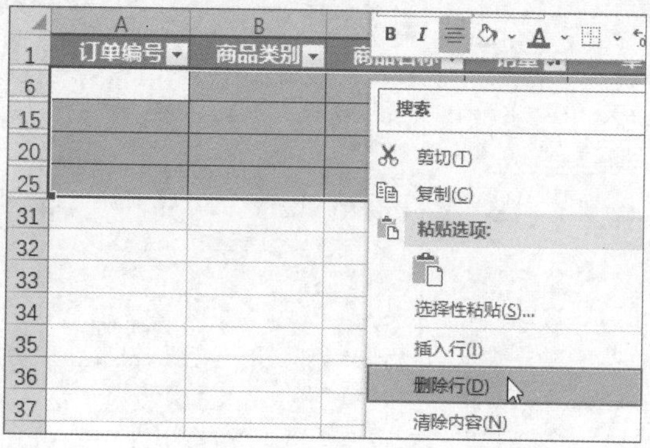

图 2-77

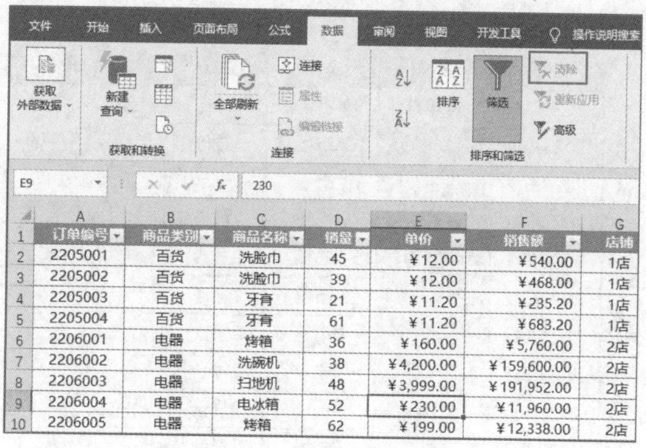

图 2-78

2.2.9 处理合并单元格

数据源中的合并单元格会对数据分析造成很大影响，例如，用户无法使用常规方法对包含合并单元格的数据表进行排序。创建数据透视表后，合并单元格所对应的数据也无法被准确提取。因此应取消数据源中的合并单元格。

动手练 取消合并单元格并补全空缺信息

取消合并单元格的方法很简单，但是取消合并单元格后，部分数据会丢失，形成空白单元格，用户需要将空缺的信息补全。具体操作方法如下。

Step 01 选中包含合并单元格的区域，打开"开始"选项卡，在"对齐方式"组中单击"合并后居中"下拉按钮，在下拉列表中选择"取消单元格合并"选项，如图2-79所示。

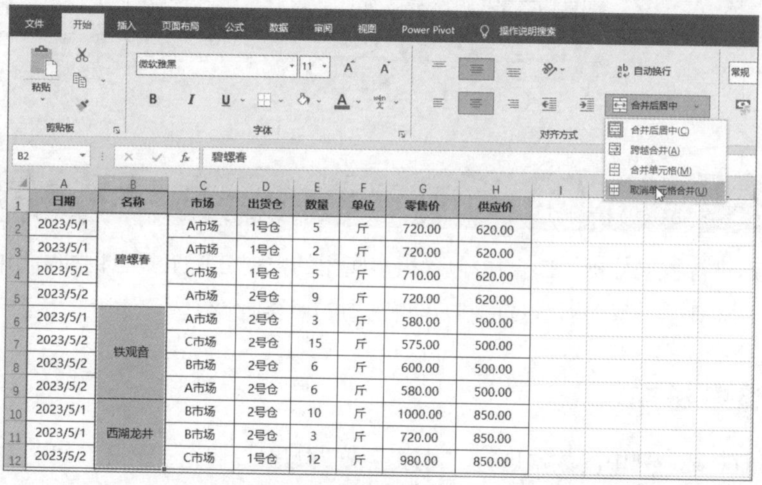

图 2-79

Step 02 合并单元格随即被拆分，保持所选单元格区域，按Ctrl+G组合键打开"定位"对话框，单击"定位条件"按钮，如图2-80所示。

Step 03 打开"定位条件"对话框。选中"空值"单选按钮，然后单击"确定"按钮，如图2-81所示。

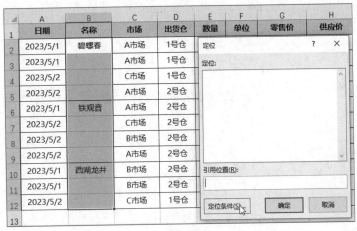
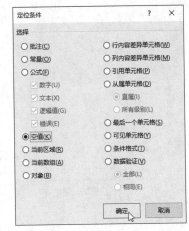

图 2-80　　　　　　　　　　　　　　　　　　图 2-81

Step 04 所选区域中的所有空白单元格随即被选中，直接输入公式"=B2"。按Ctrl+Enter组合键，所有空白单元格自动填充与上方单元格相同的内容，如图2-82所示。

日期	名称	市场	名称	市场	出货仓	数量	单位	零售价	供应价
2023/5/1	碧螺春	A市场	碧螺春	A市场	1号仓	5	斤	720.00	620.00
2023/5/1	=B2	A市场	碧螺春	A市场	1号仓	2	斤	720.00	620.00
2023/5/2		C市场	碧螺春	C市场	1号仓	5	斤	710.00	620.00
2023/5/2		A市场	碧螺春	A市场	2号仓	9	斤	720.00	620.00
2023/5/1	铁观音	A市场	铁观音	A市场	2号仓	3	斤	580.00	500.00
2023/5/2			铁观音	C市场	2号仓	15	斤	575.00	500.00
2023/5/2			铁观音	B市场	2号仓	6	斤	600.00	500.00
2023/5/2			铁观音	A市场	2号仓	6	斤	580.00	500.00
2023/5/1			西湖龙井	B市场	2号仓	10	斤	1000.00	850.00
2023/5/1			西湖龙井	B市场	2号仓	3	斤	720.00	850.00
2023/5/2			西湖龙井	C市场	1号仓	12	斤	980.00	850.00

Ctrl+Enter

图 2-82

2.3　数据的排序和筛选

为了更好地进行数据分析。Excel中包含很多实用的数据分析工具，例如常用的排序、筛选、分类汇总、合并计算等。下面对数据的排序和筛选进行详细介绍。

2.3.1　简单排序

简单排序即对某一列中的数据进行"升序"或"降序"排序。"升序"可将数据按照从低到高的顺序进行排序，"降序"则是将数据按照从高到低的顺序排序。用户可通过"数据"选项卡中的"升序"和"降序"按钮，对目标列中的数据进行相应排序。具体操作方法如下。

Step 01 选中"销售金额"列中任意一个包含数据的单元格，单击"升序"按钮，将该列中的数值按照从低到高的顺序进行排列，如图2-83所示。

Step 02 单击"降序"按钮，将值按照从高到低的顺序排列，如图2-84所示。

图 2-83

图 2-84

动手练 根据笔画顺序排序

Excel在对汉字进行排序时，默认按照汉字拼音的首字母顺序进行排序，用户也可以根据需要，将汉字的排序方式设置为按笔画排序。

Step 01 选中数据源中的任意一个单元格，打开"数据"选项卡，在"排序和筛选"组中单击"排序"按钮，弹出"排序"对话框，单击"选项"按钮，如图2-85所示。

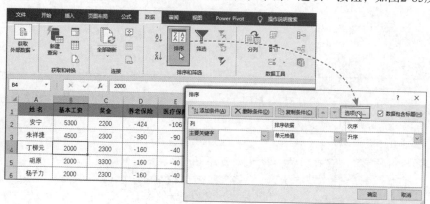

图 2-85

Step 02 打开"排序选项"对话框，选中"笔画排序"单选按钮，单击"确定"按钮，如图2-86所示。

图 2-86

Step 03 返回"排序"对话框，单击"主要关键字"右侧的下拉按钮，在下拉列表中选择"姓名"，设置完成后单击"确定"按钮，如图2-87所示。

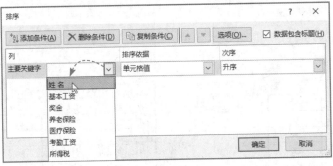

图 2-87

Step 04 表格"姓名"列中的姓名按照首字笔画从少到多进行排序，如图2-88所示。

	A	B	C	D	E	F	G	H
1	姓 名	基本工资	奖金	养老保险	医疗保险	考勤工资	所得税	税后工资
2	丁柳元	2000	2300	-160	-40	-400	0	3700
3	朱祥捷	4500	2300	-360	-90	-400	0	5950
4	刘乐	2000	2000	-160	-40	-40	0	3760
5	安宁	5300	2200	-424	-106	-300	795	5875
6	李青	6800	3200	-544	-136	300	1020	8600
7	杨子力	2000	2300	-160	-40	-100	0	4000
8	吴倩云	6800	3000	-544	-136	-100	1020	8000
9	周菁	6800	3500	-544	-136	-400	1020	8200
10	胡原	2000	3300	-160	-40	300	0	5400
11	蒋天海	6800	3800	-544	-136	-300	1020	8600

图 2-88

知识点拨

按中文笔画排序时，若姓名首字完全相同，则按第二个字排序。若姓名首字笔画相同，则按以下规则排序。

- 同笔画的字按起笔一、丨、丿、丶、乛的顺序排列。
- 笔画数和笔形相同的字，按字形结构，先左右形字，再上下形字，后整体字。
- 姓相同的，单字名排在多字名之前，多字名依次看名的第一字、第二字……先看画数，后看起笔顺序，再看笔形。
- 复姓也按第一个字笔画画数多少排列，笔画相同的按笔形顺序排列。

2.3.2 多列同时排序

当需要对多列中的数据同时排序时，可以通过"排序"对话框来操作，例如对"数量"和"金额"同时进行降序排序，下面介绍具体操作方法。

Step 01 选中数据表中包含内容的任意一个单元格。打开"数据"选项卡，在"排序和筛选"组中单击"排序"按钮，如图2-89所示。

Step 02 打开"排序"对话框，设置"主要关键字"为"数量"，排序次序为"降序"，单击"添加条件"按钮，如图2-90所示。

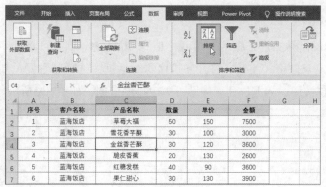

图 2-89

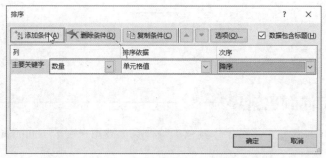

图 2-90

Step 03 对话框中随即添加一个"次要关键字",设置"次要关键字"为"金额",排序次序为"降序",最后单击"确定"按钮,如图2-91所示。

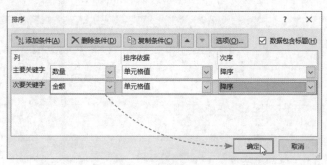

图 2-91

Step 04 此时"数量"列中的值随即按照降序排序,当数量相同时,"金额"列中的值也按降序排序,如图2-92所示。

	A	B	C	D	E	F	G
1	序号	客户名称	产品名称	数量	单价	金额	
2	7	蓝海饭店	雪花香芋酥	60	145	8700	
3	1	蓝海饭店	草莓大福	50	150	7500	
4	11	海鲜码头	草莓大福	50	150	7500	
5	8	海鲜码头	脆皮香蕉	50	130	6500	
6	10	海鲜码头	果仁甜心	50	83	4150	
7	5	蓝海饭店	红糖发糕	40	90	3600	
8	17	川菜馆子	草莓大福	30	150	4500	
9	6	蓝海饭店	果仁甜心	30	130	3900	
10	3	蓝海饭店	金丝香芒酥	30	120	3600	
11	12	海鲜码头	金丝香芒酥	30	120	3600	
12	2	蓝海饭店	雪花香芋酥	30	100	3000	

图 2-92

2.3.3 特殊排序

Excel对所选列的默认排序依据为"单元格值"，除此之外，也可将排序依据设置为单元格颜色、字体颜色以及条件格式图标。打开"排序"对话框，选择"主要关键字"的列字段，单击"排序依据"下拉按钮，从下拉列表中即可更改排序依据，如图2-93所示。

图 2-93

动手练 **根据字体颜色排序**

当某一列中的值被设置了多种字体颜色，每种颜色被用来表示不同的属性，此时可以按照字体颜色进行排序。

Step 01 选中数据源中的任意一个单元格，打开"数据"选项卡，在"排序和筛选"组中单击"排序"按钮，打开"排序"对话框，设置"主要关键字"为"商品名称"，单击"排序依据"下拉按钮，在下拉列表中选择"字体颜色"选项，如图2-94所示。

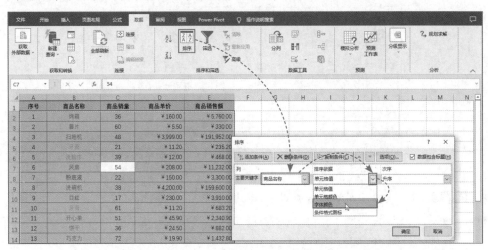

图 2-94

Step 02 "排序"对话框中的"次序"组中随即新增一个下拉选项，单击该下拉按钮，在下拉列表中可以看到所选主要关键字列中包含的所有字体颜色，选择需要在最顶端显示的颜色，如图2-95所示。

Step 03 单击"复制条件"按钮，根据"主要关键字"复制出一个"次要关键字"，如图2-96所示。

图 2-95

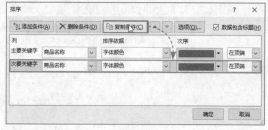

图 2-96

Step 04 设置"次要关键字"的字体颜色为绿色,如图2-97所示。

Step 05 接着继续复制条件,向对话框中添加"次要关键字"并设置字体颜色,直到所有颜色设置完毕,单击"确定"按钮关闭对话框,如图2-98所示。

图 2-97

图 2-98

Step 06 返回工作表,此时"商品名称"列中的值已经根据指定的字体颜色顺序进行了重新排序,如图2-99所示。

	A	B	C	D	E	F
1	序号	商品名称	商品销量	商品单价	商品销售额	
2	7	粉底液	22	¥150.00	¥3,300.00	
3	9	口红	17	¥230.00	¥3,910.00	
4	14	定妆粉	11	¥80.00	¥880.00	
5	18	口红	73	¥89.00	¥6,497.00	
6	1	烤箱	36	¥160.00	¥5,760.00	
7	3	扫地机	48	¥3,999.00	¥191,952.00	
8	6	风扇	54	¥208.00	¥11,232.00	
9	8	洗碗机	38	¥4,200.00	¥159,600.00	
10	16	烤箱	62	¥199.00	¥12,338.00	
11	17	烤箱	24	¥160.00	¥3,840.00	
12	20	电冰箱	52	¥230.00	¥11,960.00	
13	21	电火锅	80	¥110.00	¥8,800.00	
14	4	牙膏	21	¥11.20	¥235.20	
15	5	洗脸巾	39	¥12.00	¥468.00	
16	10	牙膏	61	¥11.20	¥683.20	
17	19	洗脸巾	45	¥12.00	¥540.00	
18	2	薯片	60	¥5.50	¥330.00	
19	11	开心果	51	¥45.90	¥2,340.90	
20	12	饼干	36	¥24.50	¥882.00	
21	13	巧克力	72	¥19.90	¥1,432.80	
22	15	可乐	78	¥19.80	¥1,544.40	

图 2-99

2.3.4 启动筛选模式

进行数据筛选之前需要先启动筛选模式。选中数据表中的任意一个单元格,打开"数据"选项卡,在"排序和筛选"组中单击"筛选"按钮,数据标题行中的每个单元格中随即出现下拉按钮图标，此时数据表进入筛选模式，如图2-100所示。

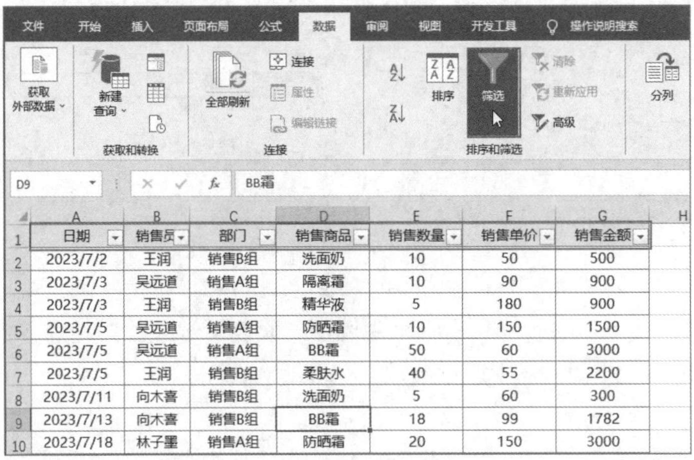

图 2-100

单击任意一个标题中的下拉按钮，打开一个下拉列表，该下拉列表称为"筛选器"，用户可以在"筛选器"中执行需要的筛选操作，如图2-101所示。

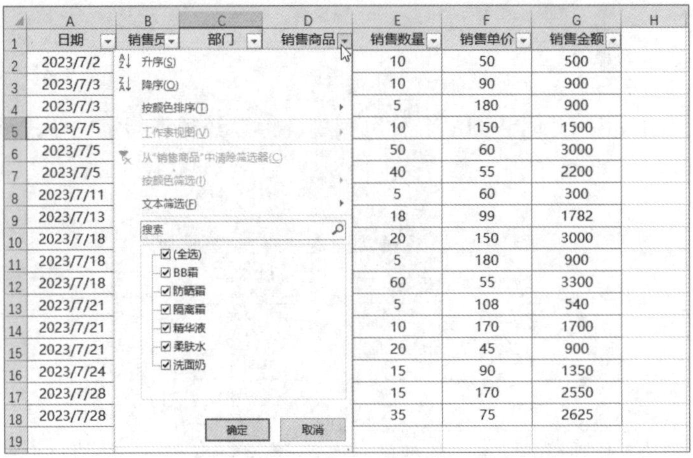

图 2-101

若要退出筛选模式，可在"数据"选项卡中再次单击"筛选"按钮，标题单元格中的下拉按钮消失则表示已经退出筛选模式。另外，用户也可以使用Ctrl+Shift+Enter组合键启动或退出筛选模式。

2.3.5　通用的筛选方式

筛选器中提供的"搜索"框，可以根据所输入的关键字快速搜索相关信息，另外筛选器中还为当前列中的所有数据提供了复选框，通过复选框的勾选也可以快速筛选出相应内容。

1. 快速筛选指定信息

单击"销售商品"标题单元格中的下拉按钮，在打开的筛选器中取消勾选"全选"复选框，随后勾选"精华液"和"柔肤水"复选框，单击"确定"按钮，如图2-102所示。数据表中随即筛选出被勾选的商品信息，如图2-103所示。

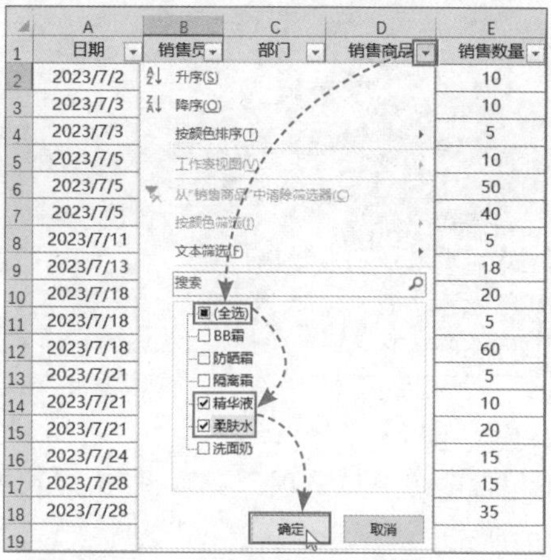

图 2-102

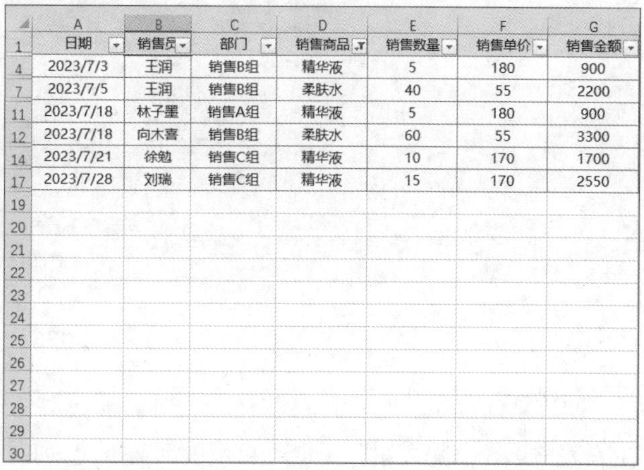

图 2-103

2. 根据关键字筛选

单击"销售商品"标题单元格中的下拉按钮，打开筛选器，在"搜索"文本框中输入关键字"霜"，此时筛选器下方会显示包含"霜"的商品名称，单击"确定"按钮，如图2-104所示。数据表中随即筛选"销售商品"列中包含"霜"的商品信息，如图2-105所示。

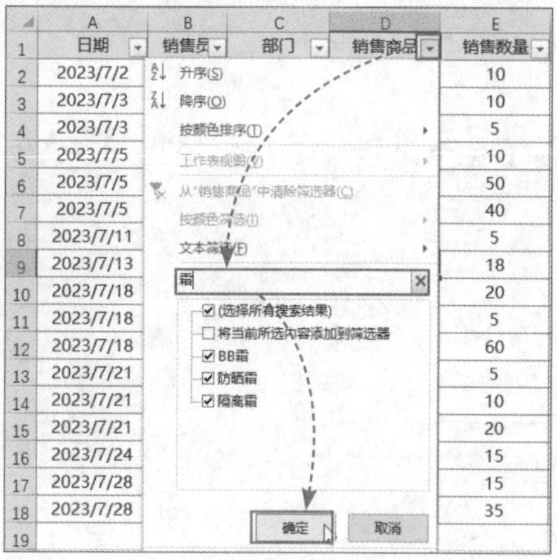

图 2-104

图 2-105

2.3.6 根据数据类型执行筛选

一个数据表通常包含多种类型的数据。当数据类型不同时，筛选器中提供的选项也会有所不同。下面介绍不同类型数据的常用筛选方法。

动手练 筛选不包含指定项目的信息

当对文本类型的列执行筛选时，筛选器中会提供"文本筛选"选项，下面介绍如何执行文本筛选。

Step 01 单击"销售商品"标题单元格中的下拉按钮，打开筛选器，选择"文本筛选"选项，在其下级列表中选择"不包含"选项，如图2-106所示。

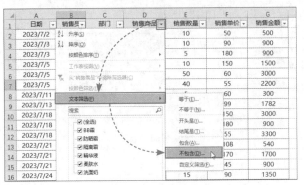

图 2-106

Step 02 弹出"自定义自动筛选"对话框，对话框中包含两组下拉选项，在第一组右侧下拉列表中选择"隔离霜"（也可直接手动输入），如图2-107所示。

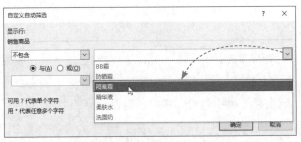

图 2-107

Step 03 在第二组左侧下拉列表中选择"不包含"，在右侧下拉列表中选择"防晒霜"，单击"确定"按钮，如图2-108所示。

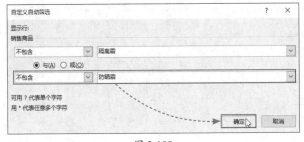

图 2-108

Step 04 数据表中筛选出"销售商品"中不包含"隔离霜"与"防晒霜"的所有销售信息，如图2-109所示。

	A	B	C	D	E	F	G
1	日期	销售员	部门	销售商品	销售数量	销售单价	销售金额
2	2023/7/2	王润	销售B组	洗面奶	10	50	500
4	2023/7/3	王润	销售B组	精华液	5	180	900
6	2023/7/5	吴远道	销售A组	BB霜	50	60	3000
7	2023/7/5	王润	销售B组	柔肤水	40	55	2200
8	2023/7/11	向木喜	销售B组	洗面奶	5	60	300
9	2023/7/13	向木喜	销售B组	BB霜	18	99	1782
11	2023/7/18	林子墨	销售A组	精华液	5	180	900
12	2023/7/18	向木喜	销售B组	柔肤水	60	55	3300
14	2023/7/21	徐勒	销售C组	精华液	10	170	1700
15	2023/7/21	徐勒	销售C组	洗面奶	20	45	900
17	2023/7/28	刘瑞	销售C组	精华液	15	170	2550
18	2023/7/28	刘瑞	销售C组	BB霜	35	75	2625
19							

图 2-109

动手练 筛选销售金额排名前5的数据

筛选数值型数据或日期型数据与筛选文本型数据的方法是相通的，只是筛选器中提供的选项有所不同，下面筛选"销售金额"排名前5的数据。

Step 01 单击"销售金额"标题单元格中的下拉按钮，在筛选器中选择"数字筛选"选项，在其下级列表中选择"前10项"选项，如图2-110所示。

	A	B	C	D	E	F	G	H	I
1	日期	销售员	部门	销售商品	销售数量	销售单价	销售金额		
2	2023/7/2	王润	销售B组	洗面奶					
3	2023/7/3	吴远道	销售A组	隔离霜					
4	2023/7/3	王润	销售B组	精华液					
5	2023/7/5	吴远道	销售A组	防晒霜					
6	2023/7/5	吴远道	销售A组	BB霜					
7	2023/7/5	王润	销售B组	柔肤水					
8	2023/7/11	向木喜	销售B组	洗面奶					
9	2023/7/13	向木喜	销售B组	BB霜					
10	2023/7/18	林子墨	销售A组	防晒霜					
11	2023/7/18	林子墨	销售A组	精华液					
12	2023/7/18	向木喜	销售B组	柔肤水					
13	2023/7/21	徐勉	销售C组	隔离霜					
14	2023/7/21	徐勉	销售C组	精华液					
15	2023/7/21	徐勉	销售C组	洗面奶					
16	2023/7/24	林子墨	销售A组	隔离霜					
17	2023/7/28	刘瑞	销售C组	精华液					
18	2023/7/28	刘瑞	销售C组	BB霜					
19									

图 2-110

Step 02 弹出"自动筛选前10个"对话框，修改中间数值框中的数字为"5"，单击"确定"按钮，如图2-111所示。

Step 03 数据表中筛选出销售金额最大的前5条信息，如图2-112所示。

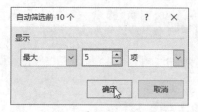

图 2-111

	A	B	C	D	E	F	G
1	日期	销售员	部门	销售商品	销售数量	销售单价	销售金额
6	2023/7/5	吴远道	销售A组	BB霜	50	60	3000
10	2023/7/18	林子墨	销售A组	防晒霜	20	150	3000
12	2023/7/18	向木喜	销售B组	柔肤水	60	55	3300
17	2023/7/28	刘瑞	销售C组	精华液	15	170	2550
18	2023/7/28	刘瑞	销售C组	BB霜	35	75	2625
19							

图 2-112

动手练 筛选指定日期之后的所有数据

日期筛选器会根据日期的范围按照年、月进行分组，用户可以通过筛选器下提供的复选框快速筛选指定年份或月份的日期，如图2-113所示。

另外"日期筛选"列表中还提供更多的筛选项，下面筛选"1990/1/1"之后出生的员工信息。

图 2-113

Step 01 单击"出生年月"标题单元格中的下拉按钮，打开筛选器。选择"日期筛选"选项，在其下级列表中选择"之后"选项，如图2-114所示。

图 2-114

Step 02 打开"自定义自动筛选"对话框，在第一组下拉列表的右侧列表框中输入"1990/1/1"，单击"确定"按钮，如图2-115所示。

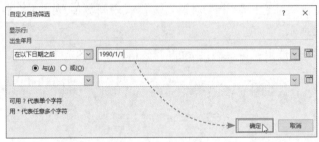

图 2-115

Step 03 数据表中随即筛选出"出生年月"在"1990/1/1"之后的所有员工信息，如图2-116所示。

	A	B	C	D	E	F	G	H
1	工号	员工姓名	性别	出生年月	年龄	所属部门	职务	
5	DS004	叶小倩	女	1990/3/13	33	采购部	采购员	
10	DS009	常尚霞	女	1991/12/14	31	采购部	采购经理	
11	DS010	李华华	男	1994/5/28	28	生产管理部	操作工	
12	DS011	吴子乐	男	1995/5/30	27	生产管理部	操作工	
17	DS016	菁菁	男	1993/10/2	29	质量管理部	DSE工程师	
29	DS028	周末	男	1994/8/9	28	生产管理部	操作工	
30	DS029	邵佳清	男	1990/4/23	33	设备管理部	工程师	
31	DS030	赵祥	男	1994/10/6	28	设备管理部	工程师	
38	DS037	张籽沐	男	1993/11/18	29	质量管理部	DSE工程师	
43	DS042	乔恩	女	1991/7/22	31	质量管理部	质量主管	
46								

图 2-116

2.3.7 清除筛选

筛选过的字段，其筛选按钮会变成样式。若要清除该字段的筛选，可以单击筛选按钮，打开筛选器，选择"从×××中清除筛选器"选项，如图2-117所示（图中×××为"出生年月"）。

若数据表中对多个字段执行了筛选，可以在"数据"选项卡的"排序和筛选"组中单击"清除"按钮，清除所有筛选，如图2-118所示。

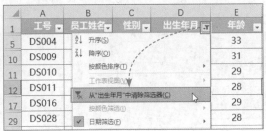

图 2-117　　　　　　　　　　　　　　　　　图 2-118

2.3.8　高级筛选的应用

高级筛选能够设置复杂的筛选条件，而且筛选的方法更为开放和自由。执行高级筛选必须先设置筛选条件，然后才能执行筛选操作。

1. 高级筛选的条件设置规则

条件区域由标题和条件两个部分组成，缺一不可，具体设置要求如下。

- 条件区域的标题不能写错，必须和数据源中的标题相同。
- 一行中设置多个条件时，表示筛选结果必须同时满足这一行中的所有条件。
- 一行可以看作一组条件，如果有多组条件，则需要写在多行中，如图2-119所示。

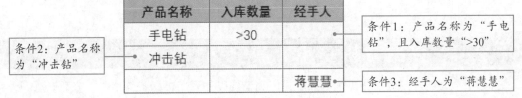

图 2-119

2. 执行高级筛选

条件设置完成后便可以执行高级筛选，下面介绍具体操作方法。

Step 01 选中数据表中的任意一个单元格，打开"数据"选项卡，在"排序和筛选"组中单击"高级"按钮，如图2-120所示。

图 2-120

Step 02 弹出"高级筛选"对话框，在"列表区域"文本框中引用数据表区域，在"条件区域"文本框中引用条件区域，单击"确定"按钮，如图2-121所示。

Step 03 数据表中随即筛选出符合多组条件的数据，如图2-122所示。

序号	入库时间	产品编码	产品名称	入库数量	单位	位置	经手人
1	2021/9/2	DS2101	手电钻	30	台	2-1	吴霞
2	2021/9/3	DS2102	角磨机	12	台	2-2	张栋
3	2021/9/4	DS2103	砂轮机	45	台	1-4	万晓
4	2021/9/5	DS2104	电焊机	5	台	2-3	刘元林
5	2021/9/6	DS2102	手电钻	22	台	1-2	张栋
6	2021/9/7	DS2107	轮胎	12	个	1-4	刘元林
7	2021/9/8	DS2108	吸尘器	15	台	2-2	万晓
8	2021/9/9	DS2102	手电钻	26	台	1-2	乔博
9	2021/9/10	DS2102	轮胎	33	个	2-4	张栋
10	2021/9/11	DS2105	冲击钻	15	台	2-4	万晓
11	2021/9/12	DS2108	吸尘器	22	台	1-1	蒋慧慧
12	2021/9/13	DS2105	冲击钻	12	台	2-3	吴霞
13	2021/9/14	DS2102	手电钻	35	台	2-4	张栋
14	2021/9/15	DS2107	砂轮片	40	片	1-1	蒋慧慧
15	2021/9/16	DS2110	扫地机	12	台	2-3	万晓
16	2021/9/17	DS2106	插座	12	个	1-1	蒋慧慧
17	2021/9/18	DS2109	手电钻	11	台	1-2	万晓

产品名称	入库数量	经手人
手电钻	>30	
冲击钻		
		蒋慧慧

图 2-121

序号	产品编码	产品名称	入库时间	入库数量	单位	位置	经手人
10	DS2105	冲击钻	2023/9/11	15	台	2-4	万晓
11	DS2108	吸尘器	2023/9/12	22	台	1-1	蒋慧慧
12	DS2102	冲击钻	2023/9/13	12	台	2-3	吴霞
13	DS2102	手电钻	2023/9/14	35	台	2-4	张栋
14	DS2107	砂轮片	2023/9/15	40	片	1-1	蒋慧慧
16	DS2106	插座	2023/9/17	12	个	1-1	蒋慧慧

产品名称	入库数量	经手人
手电钻	>30	
冲击钻		
		蒋慧慧

图 2-122

![icon] 2.4 数据分析基本工具

Excel中包含的常用数据分析工具除了排序和筛选以外，还包括条件格式、分类汇总、合并计算等。

2.4.1 条件格式的应用

使用Excel中的"条件格式"功能，可以通过条形、颜色或图标直观地呈现数据之间的差异和趋势等。

"条件格式"命令按钮位于"开始"选项卡的"样式"组内，其规则包括"突出显示单元格规则""最前/最后规则""数据条""色阶"和"图标集"五种，如图2-123所示。

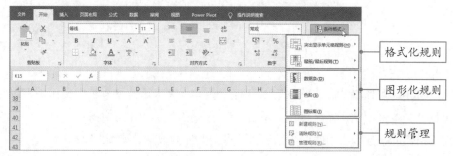

图 2-123

2.4.2　使用格式化规则突出显示指定数据

使用条件格式中格式化规则的"突出显示单元格规则"以及"最前/最后规则",可以将数据源中符合条件的数据突出显示出来。

动手练 突出显示包含指定文本内容的单元格

"突出显示单元格规则"有7种,包括大于、小于、介于、等于、文本包含、发生日期、重复值。下面利用"突出显示单元格规则"突出显示装修项目中所有墙面施工项目。

Step 01 选择需要应用条件格式的单元格区域,打开"开始"选项卡,在"样式"组中单击"条件格式"下拉按钮,在展开的列表中选择"突出显示单元格规则"选项,在其下级列表中选择"文本包含"选项,如图2-124所示。

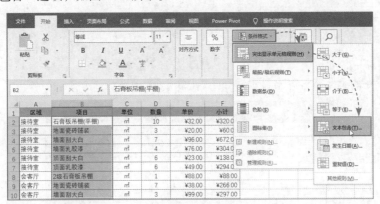

图 2-124

Step 02 弹出"文本中包含"对话框,输入关键字"墙面",设置单元格格式为"黄填充色深黄色文本",单击"确定"按钮,如图2-125所示。

Step 03 设置完成后,所选区域中包含"墙面"的单元格按照指定的格式被突出显示,如图2-126所示。

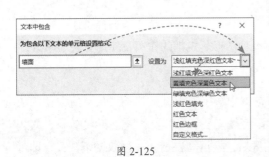

图 2-125

	A	B	C	D	E	F
1	区域	项目	单位	数量	单价	小计
17	办公区	石膏线及安装	m	3	¥48.00	¥144.00
18	办公区	石膏板吊棚(平棚)	㎡	6	¥99.00	¥594.00
19	办公区	地面瓷砖铺装	㎡	1	¥14.00	¥14.00
20	办公区	墙面刮大白	㎡	6	¥45.00	¥270.00
21	办公区	墙面乳胶漆	㎡	3	¥84.00	¥252.00
22	办公区	顶面刮大白	㎡	7	¥51.00	¥357.00
23	办公区	顶面乳胶漆	㎡	8	¥56.00	¥448.00
24	卫生间	地面瓷砖铺装	㎡	3	¥41.00	¥123.00
25	卫生间	墙面瓷砖铺装	㎡	1	¥23.00	¥23.00
26	卫生间	瓷砖倒角	m	3	¥20.00	¥60.00
27	卫生间	防水	㎡	4	¥83.00	¥332.00
28	休闲区	地面瓷砖铺装	㎡	9	¥51.00	¥459.00
29	休闲区	墙面瓷砖铺装	㎡	9	¥19.00	¥171.00
30	休闲区	瓷砖倒角	m	3	¥50.00	¥150.00

图 2-126

动手练 突出显示金额最高的3个值

利用"最前/最后规则"可突出显示高于或低于指定区间的数值。例如突出显示数据区域中金额最高的3个值。

Step 01 选择"小计"列中所有数值，在"开始"选项卡中单击"条件格式"下拉按钮，选择"最前/最后规则"选项，在其下级列表中选择"前10项"选项，如图2-127所示。

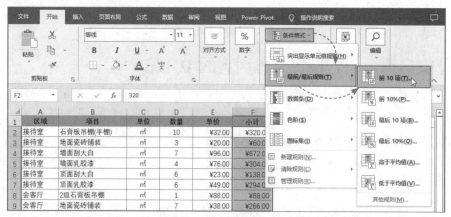

图 2-127

Step 02 打开"前10项"对话框，在微调框中输入"3"，单击"确定"按钮，所选区域中最大的3个值所在的单元格被突出显示，如图2-128所示。

图 2-128

2.4.3 使用图形化规则直观展示数据

图形化规则包括数据条、色阶以及图标集3种，每种图形化规则的作用及使用方法如下。

1. 数据条

数据条用带颜色的条形表现数值的大小，一组数据中数字越大，数据条越长。所以使用数据条可以直观比较一组数值的大小。数据条分为"渐变填充"和"实心填充"两种效果，共包含12种样式，如图2-129所示。选中要使用数据条的区域，根据需要选择一种数据条样式，即可为所选区域应用该数据条，为数据应用数据条的效果如图2-130所示。

2. 色阶

色阶用颜色的深浅，色调的冷暖来表现数值的大小，内置的色阶样式有12种，如图2-131所示。用户在选择色阶时应遵循数据的特性，例如用颜色的深浅可以表示某种元素含量的高低，含量越高颜色越深，含量越低颜色越浅。另外红色通常用来表示危险的信号，绿色表示安全的信号，危险指数越高则颜色越红，安全指数越高则颜色越绿，为数据应用色阶的效果如图2-132所示。

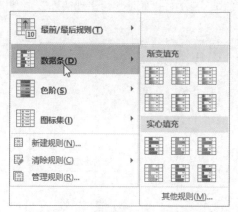

图 2-129

	A	B	C	D
1	姓名	目标	完成	完成率
2	员工1	15000	1300	9%
3	员工2	15000	1200	8%
4	员工3	15000	9000	60%
5	员工4	15000	4000	27%
6	员工5	15000	11000	73%
7	员工6	15000	8000	53%
8	员工7	15000	1450	10%
9	员工8	15000	6000	40%
10	员工9	15000	3000	20%
11	员工10	15000	1500	10%
12	员工11	15000	10000	67%
13	员工12	15000	2000	13%

图 2-130

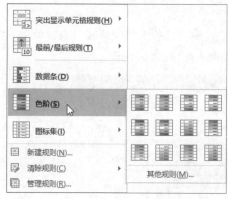

图 2-131

	A	B	C
1	食物	重量/g	脂肪
2	鸡肉	100	0.2
3	牛肉	100	0.8
4	虾仁	100	1.4
5	鸡蛋	100	1.6
6	花生	100	1.9
7	牛奶	100	3.6
8	鲤鱼	100	5.8
9	蘑菇	100	10.2
10	猪肉	100	15
11	大米	100	18.8

图 2-132

3. 图标集

图标集以各类图标展示单元格中的值。Excel包含方向、形状、标记以及等级4种类型的图标，如图2-133所示。选中单元格区域后，选择要使用的图标样式，即可在所选单元格区域中添加图标，图标的应用效果如图2-134所示。

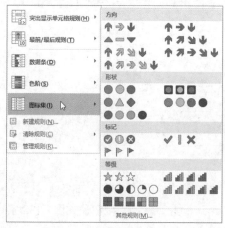

图 2-133

	A	B	C	D
1	渠道	咨询量	成交量	转化率
2	百度推广	2655	220	8%
3	今日头条	5550	873	16%
4	线下派单	4530	990	22%
5	抖音视频	1995	630	32%
6	QQ群	2520	1120	44%
7	公众号推文	2655	1600	60%
8	微信群	3150	2500	79%

图 2-134

动手练 自定义图形化规则的取值范围

使用条件格式的图形化规则时，图形的取值范围默认以数据区域内的最小值和最大值作为两个端点，按照图形的数量平均分配。有时候会出现实际数值和图标不匹配的情况，如图2-135所示。

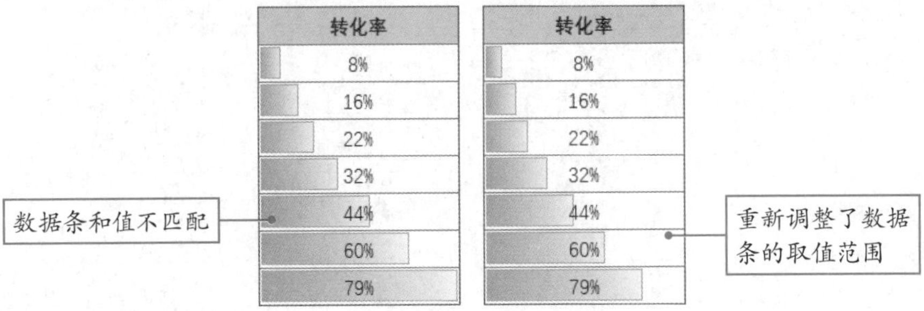

图 2-135

若想让图形与数值具有更高的匹配度，需要根据实际的数值范围调整图标的取值范围。下面介绍具体操作方法。

Step 01 选中包含数据条的单元格区域，在“开始”选项卡的“样式”组中单击“条件格式”下拉按钮，在下拉列表中选择“管理规则”选项，如图2-136所示。

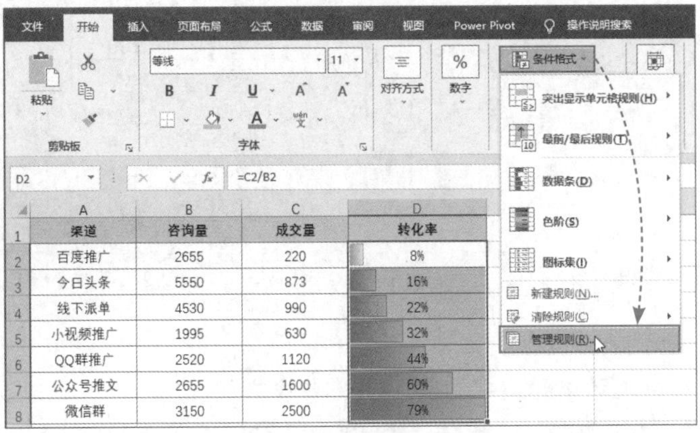

图 2-136

Step 02 弹出“条件格式规则管理器”对话框，单击“编辑规则”按钮，如图2-137所示。

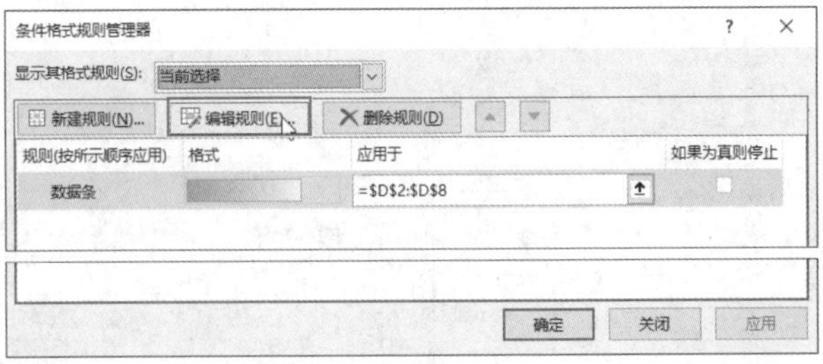

图 2-137

Step 03 弹出“编辑格式规则”对话框，将“最小值”和“最大值”的类型设置为“数字”，修改“最小值”的值为“0”，“最大值”的值为“1”，单击“确定”按钮，如图2-138所示。

Step 04 返回上一级对话框，单击"确定"按钮，关闭对话框，所选区域中的数据条取值范围得到更改，如图2-139所示。

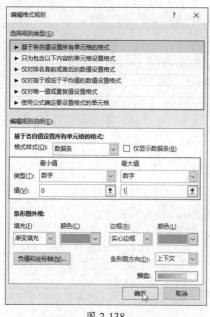

图 2-138

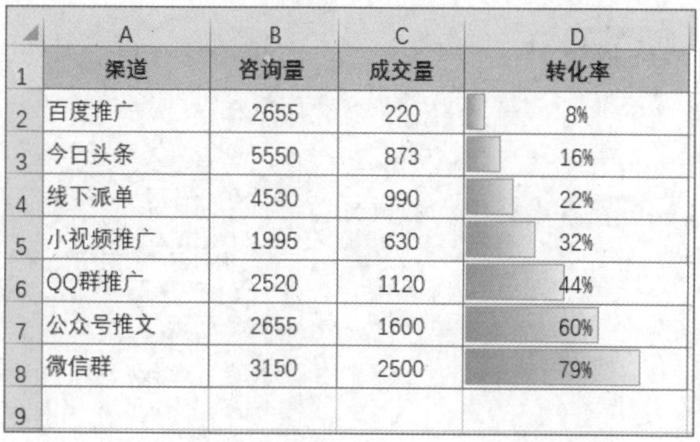

	A	B	C	D
1	渠道	咨询量	成交量	转化率
2	百度推广	2655	220	8%
3	今日头条	5550	873	16%
4	线下派单	4530	990	22%
5	小视频推广	1995	630	32%
6	QQ群推广	2520	1120	44%
7	公众号推文	2655	1600	60%
8	微信群	3150	2500	79%
9				

图 2-139

2.4.4 数据的分类汇总

分类汇总是数据处理的重要工具之一。分类汇总可以按类别对数据进行汇总，汇总计算的方式包括求和、记数、求最大值、最小值、平均值等。

分类汇总包括三个要素：对哪一列数据进行分类、按什么方式汇总、对哪一列中的值进行汇总。分类汇总的顺序包括排序、分类、汇总。

下面根据要求对表格中的数据进行分类汇总：按"客户名称"进行分类，汇总方式为"求和"，对"金额"进行汇总。

Step 01 选中"客户名称"列中的任意一个单元格。打开"数据"选项卡，在"排序和筛选"组中单击"升序"按钮，如图2-140所示。对分类字段排序是为了将相同的数据集中在一起显示。

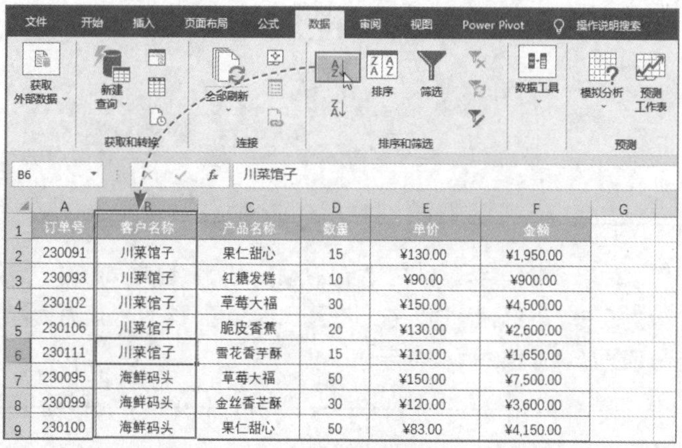

图 2-140

55

Step 02 选中数据源中的任意一个单元格，在"数据"选项卡的"分级显示"组中单击"分类汇总"按钮，如图2-141所示。

图 2-141

Step 03 打开"分类汇总"对话框，设置"分类字段"为"客户名称"，"汇总方式"使用默认的"求和"，在"选定汇总项"列表框中勾选"金额"复选框，单击"确定"按钮，如图2-142所示。

Step 04 表格中的数据根据要求进行分类汇总，效果如图2-143所示。

图 2-142

图 2-143

知识点拨

分类汇总时，可以为一个分类字段选择多个汇总项。例如，想要同时对"数量"和"金额"进行汇总，可以在"分类汇总"对话框同时勾选"数量"和"金额"两个汇总项复选框，如图2-144所示，设置多个汇总项的效果如图2-145所示。

Excel与Power BI数据分析及可视化标准教程（实战微课版）

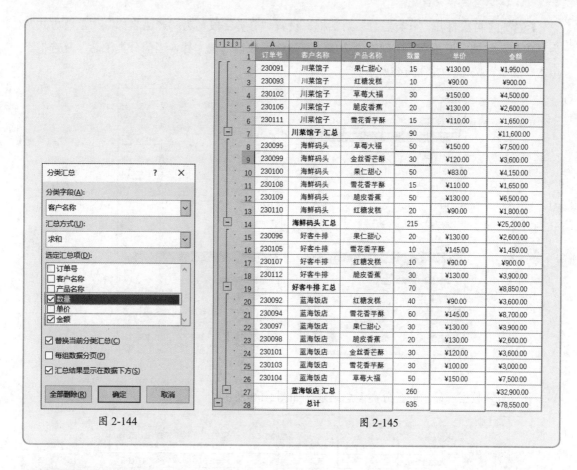

图 2-144

图 2-145

动手练 嵌套分类汇总

默认情况下，分类汇总只能设置一个分类字段，若要设置多个分类字段，可以进行嵌套分类汇总，设置多个分类字段时，同样要提前对所有分类字段进行排序。具体操作方法如下。

Step 01 选中数据源中的任意一个单元格，打开"数据"选项卡，单击"排序"按钮，打开"排序"对话框，设置列的"主要关键字"为"客户名称"，随后添加列的"次要关键字"，设置为"产品名称"，单击"确定"按钮，如图2-146所示。

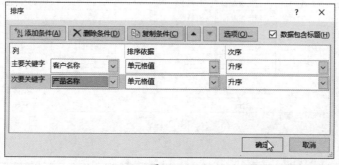

图 2-146

Step 02 在"数据"选项卡的"分级显示"组中单击"分类汇总"按钮，打开"分类汇总"对话框，设置"分类字段"为"客户名称"，"汇总方式"为"求和"，"选定汇总项"为"金额"，单击"确定"按钮，完成第一次分类汇总，如图2-147所示。

Step 03 再次打开"分类汇总"对话框，设置"分类字段"为"产品名称"，"汇总方式"为"求和"，"选定汇总项"中勾选"金额"复选框，取消勾选"替换当前分类汇总"复选框，单击"确定"按钮，如图2-148所示。

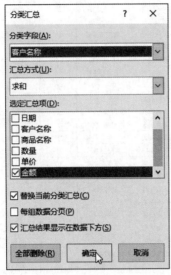

图 2-147

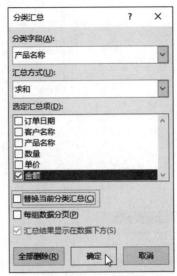

图 2-148

Step 04 数据源显示嵌套分类汇总结果，如图2-149所示。

	A	B	C	D	E	F	G
1	订单日期	客户名称	产品名称	数量	单价	金额	
2	2023/11/14	川菜馆子	草莓大福	50	¥150.00	¥7,500.00	
3	2023/11/21	川菜馆子	草莓大福	30	¥150.00	¥4,500.00	
4			草莓大福 汇总			¥12,000.00	
5	2023/11/24	川菜馆子	雪花香芋酥	10	¥145.00	¥1,450.00	
6	2023/11/27	川菜馆子	雪花香芋酥	15	¥110.00	¥1,650.00	
7	2023/11/30	川菜馆子	雪花香芋酥	15	¥110.00	¥1,650.00	
8			雪花香芋酥 汇总			¥4,750.00	
9		川菜馆子 汇总				¥16,750.00	
10	2023/11/25	海鲜码头	脆皮香蕉	20	¥130.00	¥2,600.00	
11	2023/11/28	海鲜码头	脆皮香蕉	50	¥130.00	¥6,500.00	
12			脆皮香蕉 汇总			¥9,100.00	
33	2023/11/11	蓝海饭店	红糖发糕	40	¥90.00	¥3,600.00	
34	2023/11/12	蓝海饭店	红糖发糕	10	¥90.00	¥900.00	
35			红糖发糕 汇总			¥4,500.00	
36	2023/11/13	蓝海饭店	雪花香芋酥	60	¥145.00	¥8,700.00	
37	2023/11/22	蓝海饭店	雪花香芋酥	30	¥100.00	¥3,000.00	
38			雪花香芋酥 汇总			¥11,700.00	
39		蓝海饭店 汇总				¥37,700.00	
40		总计				¥86,050.00	

图 2-149

知识点拨

若要删除分类汇总，可以打开"分类汇总"对话框，单击"全部清除"按钮，如图2-150所示。

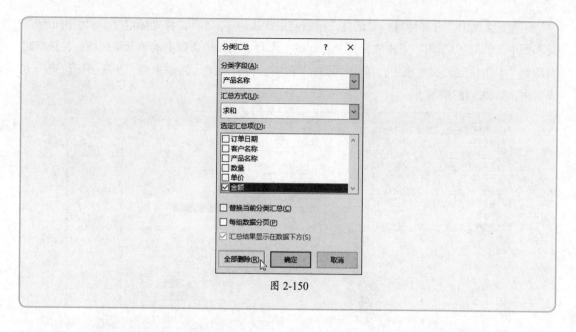

图 2-150

2.4.5 多表数据合并计算

Excel可以对同一个工作簿中多张工作表的数据进行合并计算，或对多个工作簿中的数据进行合并计算。进行合并计算的表需确保结构及标题名称相同。下面以合并3个车间的数据为例进行介绍，3个车间的数据保存在3张工作表中，如图2-151所示。

图 2-151

Step 01 打开"产量汇总"工作表，选择A1单元格，切换到"数据"选项卡，在"数据工具"组中单击"合并计算"按钮，如图2-152所示。

图 2-152

Step 02 弹出"合并计算"对话框，函数使用默认的"求和"，将光标定位于"引用位置"文本框中，单击"1车间"工作表标签，打开该工作表。选择包含数据的单元格区域，将该区域引用到"引用位置"文本框中，单击"添加"按钮，将引用的区域添加至"所有引用位置"列表框中，如图2-153所示。

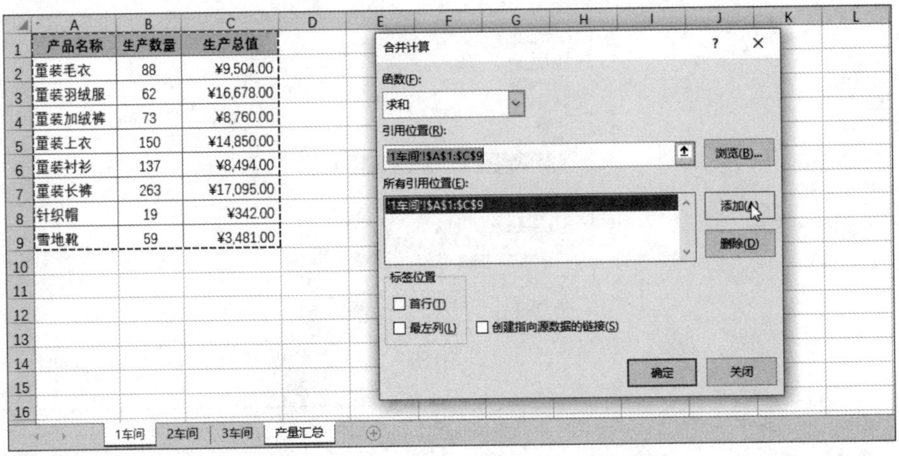

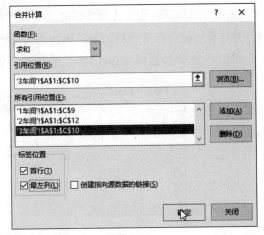

图 2-153

Step 03 参照上一步骤，继续向对话框中引用并添加"2车间"和"3车间"工作表中的数据区域，勾选"首行"和"最左列"复选框，单击"确定"按钮，如图2-154所示。

Step 04 三个工作表中的数据随即被合并，默认情况下合并后的数据首列不显示标题，此时表格中包含很多"#"符号，这是由于列的宽度不够造成的，如图2-155所示。

Step 05 用户可手动输入标题，增加列的宽度，并适当设置表格的样式，如图2-156所示。

图 2-154

图 2-155

图 2-156

2.5 新手答疑

1. Q: 如何输入以 0 开头的数字?

A: 输入以0开头的数字有很多种方法。用户可以将单元格格式设置为"文本",随后便可输入以0开头的数字。或者自定义单元格格式,具体操作方法如下:选中单元格区域后按Ctrl+1组合键,打开"设置单元格格式"对话框,在"数字"选项卡中选择"自定义"选项,在"类型"文本框中输入0。这里的0是数字占位符,想要输入的数字是几位数,便在这里输入几个0,这里输入00000。设置完成后单击"确定"按钮,如图2-157所示。此时在单元格中输入小于5位的数字时,数字前面会自动以0补齐,如图2-158所示。

图 2-157

图 2-158

2. Q: 如何为金额设置不同的货币符号?

A: 选择包含金额数值的单元格区域,按Ctrl+1组合键,打开"设置单元格格式"对话框,在"数字"选项卡中选择"货币"选项,单击"货币符号(国家/地区)"下拉按钮,在下拉列表中选择需要的货币符号即可,如图2-159所示。

图 2-159

第3章
数据的统计与计算

　　数据统计与计算是数据分析过程中的重要环节，为了让导入Power BI的数据源更加规范和完善，通常还需要使用公式和函数对Excel表格中的数据进行计算和分析，这便要求用户掌握公式与函数的相关知识。本章对公式与函数的基础知识以及工作中常用的函数进行详细介绍。

3.1　公式与函数快速入门

学习Excel公式与函数的具体使用方法之前，还需要了解一些相关的基础知识，例如，Excel公式与函数的组成、函数的类型、如何快速输入公式、单元格的引用形式等。

3.1.1　公式的组成

Excel公式通常由等号、函数、括号、单元格（或单元格区域）引用、常量、运算符、逻辑值等构成，其中常量可以是数字、文本、日期等，若常量不是数字，则需要放在双引号中。另外，等号必须放在公式的最前面，如图3-1所示。

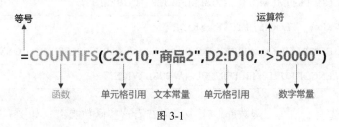

图 3-1

3.1.2　函数的组成

Excel中的函数其实是一种预设的公式，每个函数根据特定的顺序或结构进行计算，函数由函数名和参数两个主要部分构成。参数写在函数名后面，每个参数之间需要用逗号分隔，所有参数必须写在括号中，如图3-2所示。

图 3-2

3.1.3　函数的类型

不同版本的Excel所包含的函数类型稍有不同，版本越高，包含的函数类型越全。常见的函数类型包括数学与三角函数、统计函数、日期与时间函数、逻辑函数、查找与引用函数、文本函数、财务函数、信息函数、数据库函数、多维数据集函数、兼容性函数、工程函数、Web函数等。不同函数类型所包含的常用函数见表3-1。

表 3–1

函数类型	常用函数
数学与三角函数	SUM、ROUND、ROUNDUP、ROUNDDOWN、PRODUCT、INT、SIGN、ABS等
统计函数	AVERAGE、RANK、MEDIAN、MODE、VAR、STDEV等
日期与时间函数	DATE、TIME、TODAY、NOW、EOMONTH、EDATE等

（续表）

函数类型	常用函数
逻辑函数	IF、AND、OR、NOT、TRUE、FALSE等
查找与引用函数	VLOOKUP、HLOOKUP、INDIRECT、ADDRESS、COLUMN、ROW、RTD等
文本函数	TEXT、LEFT、RIGHT、MID、LEN、UPPER、LOWER等
财务函数	PMT、IPMT、PPMT、FV、PV、RATE、DB等
信息函数	ISERROR、ISBLANK、ISTEXT、ISNUMBER、NA、CELL、INFO等
数据库函数	DSUM、DAVERAGE、DMAX、DMIN、DSTDEV等
多维数据集函数	CUBEKPIMEMBER、CUBEMEMBER、CUBESET等
兼容性函数	FINV、FLOOR、FTEST、MODE等
工程函数	BIN2DEC、COMPLEX、IMREAL、IMAGINARY、BESSELJ、CONVERT等
Web函数	ENCODEURL、FILTERXML、WEBSERVICE等

打开"公式"选项卡，在"函数库"组中可以查看这些函数类型，如图3-3所示。单击某个类型的函数按钮，在下拉列表中可以查看该类型的所有函数，如图3-4所示。

图 3-3

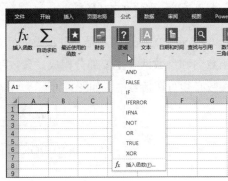

图 3-4

3.1.4 熟悉函数的作用

学习函数不需要硬背，Excel为每个函数提供详细的使用说明。在"公式"选项卡中打开某个类型的函数列表后，将光标停留在任意一个函数上方，便会显示该函数的语法格式以及作用说明，如图3-5所示。用户可通过这种方式浏览各种函数的基本用法。以便在实际工作中能够快速调用正确的函数。

图 3-5

知识点拨

Excel函数的语法格式：函数名(参数1,参数2,参数3…)。

动手练 查看陌生函数的作用及语法格式

当遇到一个陌生的函数时，可以通过"插入函数"对话框搜索该函数，从而了解该函数的作用和语法格式。具体操作方法如下。

Step 01 在"公式"选项卡中单击"插入函数"按钮，或按Shift+F3组合键，打开"插入函数"对话框，在"搜索函数"文本框中输入函数名称，单击"转到"按钮，对话框底部会显示该函数的语法格式及作用，如图3-6所示。

Step 02 若想继续查看该函数每个参数的作用，可以在"插入函数"对话框中单击"确定"按钮，打开"函数参数"对话框，将光标定位在不同参数文本框中，对话框底部会显示该参数的详细说明，如图3-7所示。

图 3-6

图 3-7

3.1.5 函数的输入方法

由于函数的种类很多，初学者很难快速掌握每种函数的拼写方式以及用法。下面介绍几种常用的函数输入方法。

1. 手动输入函数

若用户对将要使用的函数比较熟悉，知道该函数的拼写方式，或能拼出函数的前几个字母，可以选择直接手动输入函数。

Step 01 先在单元格中输入等号，当输入函数名的第一个字母后，屏幕中会出现一个列表，显示以该字母开头的所有函数，用户也可以多输入几个字母，以缩小列表中的函数范围。在列表中双击需要使用的函数名，如图3-8所示。

	商品类别	商品名称	商品价格	销售数量		果汁销售总数量			
1									
2	碳酸饮料	无糖气泡水	¥5.80	28		=SU			
3	果汁	果粒橙	¥6.60	31		SUBSTITUTE			
4	碳酸饮料	柠檬汽水	¥3.20	22		SUBTOTAL			
5	优酸乳	AD钙奶	¥6.90	26		SUM			
6	优酸乳	乳酸菌饮料	¥4.50	18		SUMIF	对满足条件的单元格求和		
7	茶饮	蜜桃乌龙茶	¥4.80	11		SUMIFS			
8	茶饮	冰红茶	¥2.60	48		SUMPRODUCT			
9	果汁	番茄汁饮料	¥3.20	24		SUMSQ			
10	运动饮料	维生素功能饮料	¥5.50	16		SUMX2MY2			
						SUMX2PY2			
						SUMXMY2			

图 3-8

Step 02 该函数名称被自动输入到公式中，并且在函数名后面显示左括号，如图3-9所示。

	A	B	C	D	E	F	G	H
1	商品类别	商品名称	商品价格	销售数量		果汁销售总数量		
2	碳酸饮料	无糖气泡水	¥5.80	28		=SUMIF(		
3	果汁	果粒橙	¥6.60	31		SUMIF(range, criteria, [sum_range])		
4	碳酸饮料	柠檬汽水	¥3.20	22				
5	优酸乳	AD钙奶	¥6.90	26				
6	优酸乳	乳酸菌饮料	¥4.50	18				
7	茶饮	蜜桃乌龙茶	¥4.80	11				
8	茶饮	冰红茶	¥2.60	48				
9	果汁	番茄汁饮料	¥3.20	24				
10	运动饮料	维生素功能饮料	¥5.50	16				

图 3-9

Step 03 输入各项参数，每个参数之间用逗号分隔，最后输入右括号，如图3-10所示。公式输入完成后按Enter键，返回计算结果。

	A	B	C	D	E	F	G	H
1	商品类别	商品名称	商品价格	销售数量		果汁销售总数量		
2	碳酸饮料	无糖气泡水	¥5.80	28		=SUMIF(A2:A15,"果汁",D2:D15)		
3	果汁	果粒橙	¥6.60	31		SUMIF(range, criteria, [sum_range])		
4	碳酸饮料	柠檬汽水	¥3.20	22				
5	优酸乳	AD钙奶	¥6.90	26				
6	优酸乳	乳酸菌饮料	¥4.50	18				
7	茶饮	蜜桃乌龙茶	¥4.80	11				
8	茶饮	冰红茶	¥2.60	48				
9	果汁	番茄汁饮料	¥3.20	24				
10	运动饮料	维生素功能饮料	¥5.50	16				
11	植物蛋白饮料	杏仁露	¥3.50	36				
12	茶饮	茉莉花茶	¥4.50	20				
13	植物蛋白饮料	椰子汁	¥7.50	41				
14	植物蛋白饮料	核桃乳	¥6.30	32				
15	果汁	混合果蔬汁	¥5.20	29				

图 3-10

2. 使用功能区按钮插入函数

"公式"选项卡中保存了各种类型的函数按钮，通过这些按钮可快速找到并插入需要使用的函数。

Step 01 选择需要插入函数的单元格，打开"公式"选项卡，单击需要使用的函数按钮，此处单击"数学和三角函数"按钮，在下拉列表中选择"SUMIF"选项，如图3-11所示。

图 3-11

Step 02 系统弹出"函数参数"对话框，依次设置好参数，单击"确定"按钮，如图3-12所示。

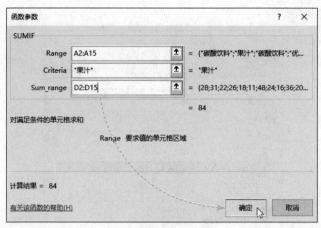

图 3-12

Step 03 所选单元格中被插入相应函数，并自动返回计算结果，在编辑栏中可以查看完整的公式，如图3-13所示。

	A	B	C	D	E	F
1	商品类别	商品名称	商品价格	销售数量		果汁销售总数量
2	碳酸饮料	无糖气泡水	¥5.80	28		84
3	果汁	果粒橙	¥6.60	31		
4	碳酸饮料	柠檬汽水	¥3.20	22		
5	优酸乳	AD钙奶	¥6.90	26		
6	优酸乳	乳酸菌饮料	¥4.50	18		
7	茶饮	蜜桃乌龙茶	¥4.80	11		

图 3-13

3. 使用"插入函数"对话框插入函数

除了通过功能区中的命令按钮插入函数，用户也可使用"插入函数"对话框插入函数。具体操作方法如下。

Step 01 选中需要输入函数的单元格，在"公式"选项卡中单击"插入函数"按钮（或按Shift+F3组合键），如图3-14所示。

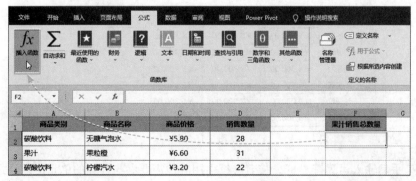

图 3-14

Step 02 打开"插入函数"对话框。选择函数类型以及需要使用的函数，单击"确定"按钮，如图3-15所示。系统弹出"函数参数"对话框，设置参数后单击"确定"按钮，即可插入函数，并自动返回计算结果。

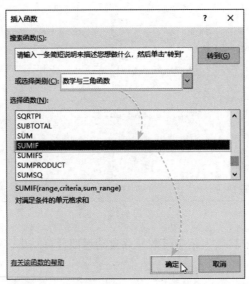

图 3-15

3.1.6 快速输入公式

掌握公式的输入技巧可以在很大程度上提高录入速度，同时减小错误率。下面对公式的输入及编辑技巧进行详细介绍。

动手练 在公式中引用单元格

输入公式时经常需要引用单元格或单元格区域，手动输入太慢，而且很容易输错，此时可以直接通过光标引用。

Step 01 选中E2单元格，输入等号（＝），将光标移动到B2单元格上方，单击即可将该单元格地址引用到公式中，如图3-16所示。

	A	B	C	D	E	F
	产品名称	1月	2月	3月	合计	
2	电吹风	￥5,800.00	￥6,700.00	￥4,700.00	=B2	
3	卷发棒	￥7,200.00	￥9,500.00	￥3,300.00		
4	剃须刀	￥4,300.00	￥3,300.00	￥5,100.00		
5	夹直板	￥5,500.00	￥4,800.00	￥2,900.00		
6	洁面仪	￥9,000.00	￥7,900.00	￥5,500.00		
7	直发梳	￥5,100.00	￥6,800.00	￥7,000.00		

图 3-16

Step 02 手动输入运算符"+"，接着继续引用其他需要参与计算的单元格，公式输入完成后，按Enter键返回计算结果，如图3-17所示。

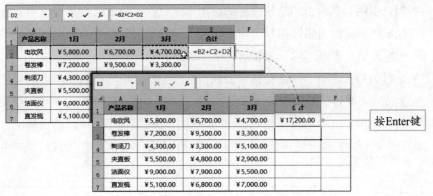

图 3-17

知识点拨

若需要在公式中引用单元格区域，可以将光标移动到目标单元格上方，按住鼠标左键进行拖动，选择单元格区域，松开鼠标即可将该单元格区域引用到公式中，如图3-18所示。

	A	B	C	D	E	F	G
1	产品名称	1月	2月	3月	合计		
2	电吹风	￥5,800.00	￥6,700.00	￥4,700.00	=SUM(B2:D2		
3	卷发棒	￥7,200.00	￥9,500.00	￥3,300.00	1R SUM(**number1**, [number2], ...)		
4	剃须刀	￥4,300.00	￥3,300.00	￥5,100.00			
5	夹直板	￥5,500.00	￥4,800.00	￥2,900.00			

图 3-18

动手练 填充公式

当需要在连续的区域内输入具有相同运算规律的公式时，可以先输入一个公式，然后填充公式。

Step 01 选中包含公式的单元格，将光标放在单元格右下角，光标变成╋时按住鼠标左键向下拖动，如图3-19所示。

Step 02 松开鼠标即可自动填充公式，完成相邻区域内数据的计算，如图3-20所示。

E2 | ✕ ✓ fx | =SUM(B2:D2)

	A	B	C	D	E	F
1	产品名称	1月	2月	3月	合计	
2	电吹风	￥5,800.00	￥6,700.00	￥4,700.00	￥17,200.00	
3	卷发棒	￥7,200.00	￥9,500.00	￥3,300.00		
4	剃须刀	￥4,300.00	￥3,300.00	￥5,100.00		
5	夹直板	￥5,500.00	￥4,800.00	￥2,900.00		
6	洁面仪	￥9,000.00	￥7,900.00	￥5,500.00		
7	直发梳	￥5,100.00	￥6,800.00	￥7,000.00		
8						

图 3-19

E2 | ✕ ✓ fx | =SUM(B2:D2)

	A	B	C	D	E	F
1	产品名称	1月	2月	3月	合计	
2	电吹风	￥5,800.00	￥6,700.00	￥4,700.00	￥17,200.00	
3	卷发棒	￥7,200.00	￥9,500.00	￥3,300.00	￥20,000.00	
4	剃须刀	￥4,300.00	￥3,300.00	￥5,100.00	￥12,700.00	
5	夹直板	￥5,500.00	￥4,800.00	￥2,900.00	￥13,200.00	
6	洁面仪	￥9,000.00	￥7,900.00	￥5,500.00	￥22,400.00	
7	直发梳	￥5,100.00	￥6,800.00	￥7,000.00	￥18,900.00	
8						

图 3-20

3.1.7 单元格的3种引用形式

公式中的单元格引用形式包括3种，即相对引用、绝对引用以及混合引用。引用方式不同，在复制或填充公式后结果也不同。

- **相对引用**：相对引用是最常见的引用形式，输入公式时直接单击单元格，或拖选单元格区域所形成的引用即相对引用。相对引用的单元格会在填充时随着公式位置的变化发生相应改变。例如"A5"为相对引用。
- **绝对引用**：绝对引用能够锁定公式中的单元格，单元格引用不会随着公式位置的变化发生改变。其特征是行号和列标前有"$"符号。例如"$A$5"为绝对引用。
- **混合引用**：混合引用是相对引用与绝对引用的综合体，可以单独锁定行或单独锁定列。只有被锁定的部分之前会显示"$"符号。例如"$A5"和"A$5"均为混合引用。

知识点拨

绝对引用和混合引用中的绝对符号无须手动输入，通过键盘上的F4键可在不同引用形式之间快速切换。选择相对引用的单元格名称，按一次F4键变成绝对引用；按两次F4键变成相对列绝对行的混合引用；按三次F4键变成绝对列相对行的混合引用；按4次F4键重新变回相对引用。

3.2 工作中的常用函数

使用函数能够有效简化和缩短公式。下面将对工作中常见函数的使用方法进行详细介绍。

3.2.1 自动求和

使用Excel提供的"自动求和"功能可以快速对连续区域内的值求和。下面以统计"金额"列中的所有数值的和为例进行详细介绍。

Step 01 选中要输入求和公式的单元格，打开"数据"选项卡，在"函数库"组中单击"自动求和"下拉按钮，在下拉列表中选择"求和"选项，如图3-21所示。

Step 02 所选单元格中自动输入求和公式，按Enter键即可返回求和结果，如图3-22所示。

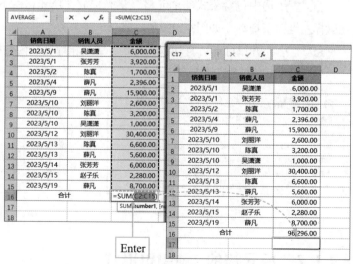

图 3-21

图 3-22

3.2.2　对指定区域中的值求和

SUM函数可以计算单元格区域中所有数值的和。SUM函数最少需要设置1个参数，最多能设置255个参数，参数类型可以是单元格、单元格区域、数字常量等，如果设置多个参数，参数之间用逗号分隔。

1. 对连续区域中的值求和

当需要对一个连续区域的单元格中的值进行求和时，将这个区域设置成SUM函数的参数即可，例如统计三个季度的合计销量。

选中F2单元格，输入公式"=SUM(B2:D5)"，公式输入完成后按Enter键返回计算结果，如图3-23所示。

	A	B	C	D	E	F	G
			=SUM(B2:D5)				
1	商品类别	1季度销量	2季度销量	3季度销量		销量合计	
2	咖啡	350	169	440		3058	
3	甜品	210	255	350			
4	果茶	160	321	310			
5	奶茶	220	123	150			

图 3-23

2. 对不相邻区域中的值求和

若需要对多个单元格区域中的值求和，可以将这些单元格区域分别设置为SUM函数的参数，每个参数之间用逗号分隔。例如对销售报表中三个季度的销售金额进行求和。

选中C8单元格，输入公式"=SUM(C3:C6,E3:E6,G3:G6)"，公式输入完成后按Enter键，即可统计三个区域中数值的和，如图3-24所示。

图 3-24

3.2.3　SUMIF函数对满足条件的数据求和

SUMIF函数可以对指定区域中符合某个特定条件的值求和。该函数有三个参数，语法格式及参数说明如下。

语法格式：=SUMIF(①条件所在区域，②条件，③求和区域)

参数说明：第一个参数表示条件所在的区域，第二个参数表示求和的条件，第三个参数表示求和的实际区域。条件可以是数字、文本或表达式；当条件区域和求和区域为同一区域时，第三个参数可以忽略。

71

动手练 计算指定产品的出库数量之和

下面使用SUMIF函数统计"儿童书桌"的出库数量总和。

Step 01 选择要输入公式的单元格，此处选择H2单元格，单击编辑栏右侧的"插入函数"按钮（或按Shift+F3组合键），如图3-25所示。

	A	B	C	D	E	F	G	H	I
1	出库日期	出库编号	产品名称	出库数量	剩余库存		产品名称	出库数量	
2	2023/5/1	M02311023	儿童书桌	4	43		儿童书桌		
3	2023/5/1	M02311030	儿童书桌	4	39				
4	2023/5/9	M02311009	组合书柜	3	24				
5	2023/5/9	M02311010	中式餐桌	3	18				
6	2023/5/10	M02311005	儿童椅	2	47				
7	2023/5/10	M02311002	中式餐桌	1	17				
8	2023/5/10	M02311028	现代餐桌	2	22				
9	2023/5/12	M02311017	组合书柜	4	20				
10	2023/5/13	M02311029	儿童椅	3	44				
11	2023/5/13	M02311014	儿童书桌	3	36				
12	2023/5/13	M02311031	电脑桌	4	17				
13	2023/5/14	M02311023	电脑桌	3	14				
14	2023/5/15	M02311007	电脑桌	3	11				
15	2023/5/15	M02311013	儿童椅	1	45				

图 3-25

Step 02 弹出"插入函数"对话框，选择函数类别为"数学与三角函数"，随后在"选择函数"列表中选择"SUMIF"选项，单击"确定"按钮，如图3-26所示。

Step 03 在弹出的"函数参数"对话框中依次设置参数为"C2:C15""儿童书桌""D2:D15"，单击"确定"按钮，如图3-27所示。

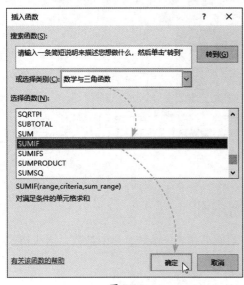

图 3-26

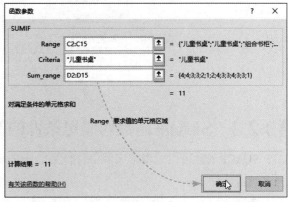

图 3-27

Step 04 返回工作表，此时H2单元格中已经返回了所有产品名称为“儿童书桌”的出库数量总和，在编辑栏中可以查看完整的公式，如图3-28所示。

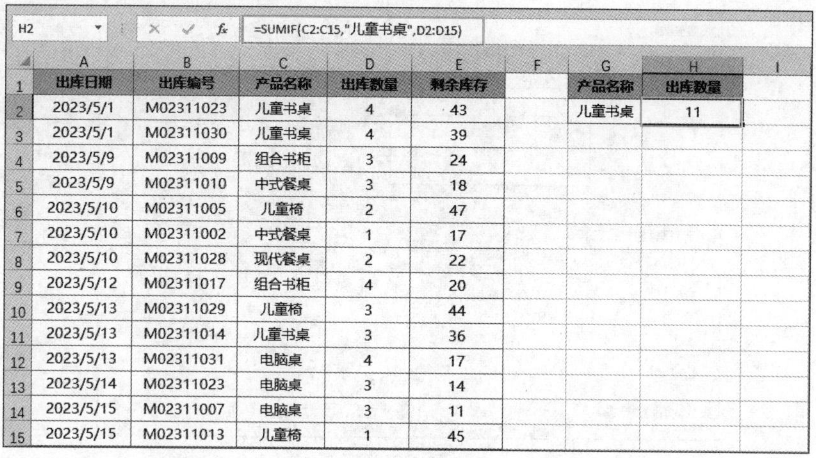

H2 =SUMIF(C2:C15,"儿童书桌",D2:D15)

	A	B	C	D	E	F	G	H	I
1	出库日期	出库编号	产品名称	出库数量	剩余库存		产品名称	出库数量	
2	2023/5/1	M02311023	儿童书桌	4	43		儿童书桌	11	
3	2023/5/1	M02311030	儿童书桌	4	39				
4	2023/5/9	M02311009	组合书柜	3	24				
5	2023/5/9	M02311010	中式餐桌	3	18				
6	2023/5/10	M02311005	儿童椅	2	47				
7	2023/5/10	M02311002	中式餐桌	1	17				
8	2023/5/10	M02311028	现代餐桌	2	22				
9	2023/5/12	M02311017	组合书柜	4	20				
10	2023/5/13	M02311029	儿童椅	3	44				
11	2023/5/13	M02311014	儿童书桌	3	36				
12	2023/5/13	M02311031	电脑桌	4	17				
13	2023/5/14	M02311023	电脑桌	3	14				
14	2023/5/15	M02311007	电脑桌	3	11				
15	2023/5/15	M02311013	儿童椅	1	45				

图 3-28

知识点拨

在Excel中设置函数的参数时应注意，文本类型的参数必须输入在英文状态的双引号中，否则公式将返回错误值。当手动录入公式时，文本参数外面的双引号需要手动输入，而在“函数参数”对话框中，系统则会自动为文本型参数添加双引号。

动手练 设置模糊匹配条件求和

SUMIF函数也可使用通配符设置查找条件，模糊查找求和的数据。例如计算包含“儿童”两个字的产品出库数量之和。

Step 01 选中要输入公式的单元格，打开“公式”选项卡，单击“数学和三角函数”下拉按钮，在下拉列表中选择SUMIF选项，如图3-29所示。

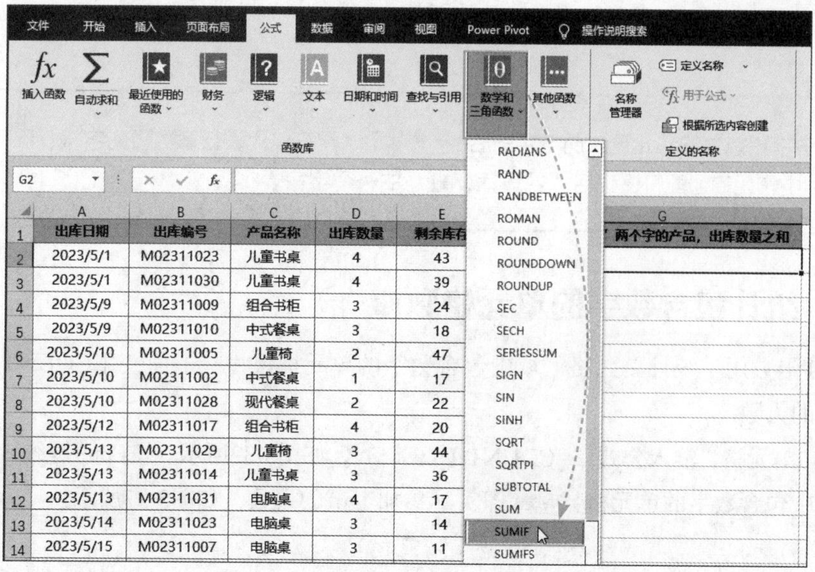

	A	B	C	D	E
1	出库日期	出库编号	产品名称	出库数量	剩余库存
2	2023/5/1	M02311023	儿童书桌	4	43
3	2023/5/1	M02311030	儿童书桌	4	39
4	2023/5/9	M02311009	组合书柜	3	24
5	2023/5/9	M02311010	中式餐桌	3	18
6	2023/5/10	M02311005	儿童椅	2	47
7	2023/5/10	M02311002	中式餐桌	1	17
8	2023/5/10	M02311028	现代餐桌	2	22
9	2023/5/12	M02311017	组合书柜	4	20
10	2023/5/13	M02311029	儿童椅	3	44
11	2023/5/13	M02311014	儿童书桌	3	36
12	2023/5/13	M02311031	电脑桌	4	17
13	2023/5/14	M02311023	电脑桌	3	14
14	2023/5/15	M02311007	电脑桌	3	11

图 3-29

Step 02 弹出"函数参数"对话框，依次设置参数为"C2:C15""\"*儿童*\"""D2:D15"，单击"确定"按钮，如图3-30所示。

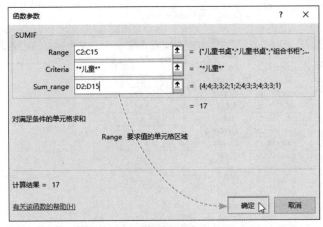

图 3-30

Step 03 所选单元格中返回求和结果，在编辑栏中可以查看完整的公式，如图3-31所示。

	A	B	C	D	E	F	G
1	出库日期	出库编号	产品名称	出库数量	剩余库存		包含"儿童"两个字的产品，出库数量之和
2	2023/5/1	M02311023	儿童书桌	4	43		17
3	2023/5/1	M02311030	儿童书桌	4	39		
4	2023/5/9	M02311009	组合书柜	3	24		
5	2023/5/9	M02311010	中式餐桌	3	18		
6	2023/5/10	M02311005	儿童椅	2	47		
7	2023/5/10	M02311002	中式餐桌	1	17		
8	2023/5/10	M02311028	现代餐桌	2	22		
9	2023/5/12	M02311017	组合书柜	4	20		
10	2023/5/13	M02311029	儿童椅	3	44		
11	2023/5/13	M02311014	儿童书桌	3	36		
12	2023/5/13	M02311031	电脑桌	4	17		
13	2023/5/14	M02311023	电脑桌	3	14		
14	2023/5/15	M02311007	电脑桌	3	11		
15	2023/5/15	M02311013	儿童椅	1	45		

G2 单元格编辑栏：=SUMIF(C2:C15,"*儿童*",D2:D15)

图 3-31

知识点拨

公式中求和条件的"儿童"两个字前后的"*"是通配符，代表任意数量的字符。除了"*"以外，Excel中常用的通配符还包括"?"，表示任意的一个字符。

3.2.4 统计包含数字的单元格数量

COUNT函数用于统计单元格区域中包含数字的单元格数目。下面使用COUNT函数统计实际参加考试的人数。

选中D16单元格，输入公式"=COUNT(D2:D15)"，如图3-32所示。按Enter键统计出D2～D15单元格区域中包含数字的单元格数量，即实际参加考试的人数，如图3-33所示。

D2	▼	⋮	× ✓ fx	=COUNT(D2:D15)	
◢	A	B	C	D	E
1	考号	考场号	姓名	成绩	
2	112001	5	丽丽	65	
3	112002	5	高霞	73	
4	112003	5	王琛明	62	
5	112004	5	刘丽英	82	
6	112005	6	赵梅	缺考	
7	112006	6	王博	65	
8	112007	6	胡一统	31	
9	112008	6	赵甜	90	
10	112009	6	马明	86	
11	112010	7	叮铃	69	
12	112011	7	程明阳	57	
13	112012	7	刘国庆	缺考	
14	112013	7	胡海	62	
15	112014	7	李江	83	
16	实际参考人数			=COUNT(D2:D15)	

图 3-32

D16	▼	⋮	× ✓ fx	=COUNT(D2:D15)	
◢	A	B	C	D	E
1	考号	考场号	姓名	成绩	
2	112001	5	丽丽	65	
3	112002	5	高霞	73	
4	112003	5	王琛明	62	
5	112004	5	刘丽英	82	
6	112005	6	赵梅	缺考	
7	112006	6	王博	65	
8	112007	6	胡一统	31	
9	112008	6	赵甜	90	
10	112009	6	马明	86	
11	112010	7	叮铃	69	
12	112011	7	程明阳	57	
13	112012	7	刘国庆	缺考	
14	112013	7	胡海	62	
15	112014	7	李江	83	
16	实际参考人数			12	

图 3-33

3.2.5 COUNTIF函数统计满足条件的单元格数量

COUNTIF函数用于计算某个区域中指定条件的单元格数目。语法格式及参数说明如下。

语法格式：=COUNTIF(①指定的单元格区域，②条件)

参数说明：该函数有2个参数，第一个参数表示要计算其中满足条件的单元格数目的区域，第二个参数表示统计条件。条件可以是文本、数字、表达式等。

动手练 **统计各部门人数**

下面使用COUNTIF函数统计指定部门的人数。

Step 01 选中F2单元格，输入公式"=COUNTIF($B$2:$B$10,E2)"，随后按Enter键返回统计结果，如图3-34所示。

Step 02 再次选中F2单元格，将光标移动到单元格右下角，向下拖动填充柄，拖动至F6单元格时松开鼠标，即可统计出其他部门的人数，如图3-35所示。

SUMIF	▼	⋮ × ✓ fx	=COUNTIF($B$2:$B$10,E2)			
◢	A	B	C	D	E	F	G
1	姓名	部门	年龄		部门	人数	
2	刘芳	财务部	27		销售部	=COUNTIF($B$2:$B$10,E2)	
3	魏艳丽	人事部	36		人事部		
4	张建忠	销售部	26		生产部		
5	刘凯	生产部	20		财务部		
6	孙威	财务部	37		宣传部		
7	李敏	宣传部	19				
8	李思思	人事部	42				
9	陈海燕	销售部	21				
10	倪晓宇	销售部	33				
11							

图 3-34

F2	▼	⋮ × ✓ fx	=COUNTIF($B$2:$B$10,E2)		
◢	A	B	C	D	E	F
1	姓名	部门	年龄		部门	人数
2	刘芳	财务部	27		销售部	3
3	魏艳丽	人事部	36		人事部	2
4	张建忠	销售部	26		生产部	1
5	刘凯	生产部	20		财务部	2
6	孙威	财务部	37		宣传部	1
7	李敏	宣传部	19			
8	李思思	人事部	42			
9	陈海燕	销售部	21			

图 3-35

注意事项 本例公式中第一个参数的单元格区域使用的是绝对引用，绝对引用的单元格区域不会随着公式位置的变化发生更改，从而保证公式在被填充后，对部门区域的引用"B2:B10"单元格区域不变。第二个参数使用相对引用，则是为了在填充公式的过程中，自动引用要统计人数的部门所在单元格。

动手练 统计年龄大于30的人数

COUNTIF函数也可设置模糊匹配条件或比较条件，下面介绍如何设置比较条件，统计年龄大于30的人数。

选中E2单元格，输入公式"=COUNTIF(C2:C10,">30")"，随后按Enter键，即可统计出符合条件的人数，如图3-36所示。

SUMIF		× ✓ fx	=COUNTIF(C2:C10,">30")	
	A	B	C	D	E	F
1	姓名	部门	年龄		年龄大于30岁的人数	
2	刘芳	财务部	27		=COUNTIF(C2:C10,">30")	
3	魏艳丽	人事部	36			
4	张建忠	销售部	26			
5	刘凯	生产部	20			
6	孙威	财务部	37			
7	李敏	宣传部	19			
8	李思思	人事部	42			
9	陈海燕	销售部	21			
10	倪晓宇	销售部	33			
11						

年龄大于30岁的人数　4

图 3-36

3.2.6　统计不重复的商品数量

在Excel中统计不重复值的数量有很多种方法，下面使用COUNTIF函数与SUMPRODUCT函数嵌套编写公式，统计产品销售表中不重复的"产品名称"数量。

选中G2单元格，输入公式"=SUMPRODUCT(1/COUNTIF(B2:B19,B2:B19))"，按Enter键，即可统计出"产品名称"列中不重复的产品数量，如图3-37所示。

G2		× ✓ fx	=SUMPRODUCT(1/COUNTIF(B2:B19,B2:B19))		
	A	B	C	D	E	F	G
1	日期	产品名称	数量	单价	金额		品项统计
2	2023/6/1	雪花香芋酥	30	100	3,000.00		6
3	2023/6/1	脆皮香蕉	20	130	2,600.00		
4	2023/6/2	脆皮香蕉	20	130	2,600.00		
5	2023/6/2	红糖发糕	40	90	3,600.00		
6	2023/6/3	雪花香芋酥	15	110	1,650.00		
7	2023/6/3	果仁甜心	30	130	3,900.00		
8	2023/6/3	雪花香芋酥	60	145	8,700.00		
9	2023/6/4	脆皮香蕉	50	130	6,500.00		
10	2023/6/4	草莓大福	50	150	7,500.00		
11	2023/6/4	红糖发糕	20	90	1,800.00		
12	2023/6/4	果仁甜心	50	83	4,150.00		
13	2023/6/4	草莓大福	50	150	7,500.00		
14	2023/6/5	金丝香芒酥	30	120	3,600.00		
15	2023/6/5	果仁甜心	15	130	1,950.00		
16	2023/6/5	金丝香芒酥	30	120	3,600.00		
17	2023/6/6	红糖发糕	10	90	900.00		
18	2023/6/6	草莓大福	30	150	4,500.00		
19	2023/6/6	雪花香芋酥	15	110	1,650.00		

统计该区域内部重复产品名称的数量

图 3-37

本例公式使用COUNTIF(B2:B19,B2:B19)统计每种产品名称出现的总数量，在公式编辑状态下选中公式中的COUNTIF(B2:B19,B2:B19)部分，按F9键可以查看统计结果，如图3-38所示。

=SUMPRODUCT(1/{4;3;3;3;4;3;4;3;3;3;3;2;3;2;3;3;4})

图 3-38

对于初学者来说，可能这个公式不太好理解。如果创建辅助列，通过直观的统计结果展示可能会更容易理解，如图3-39所示。

图 3-39

1/COUNTIF(B2:B19,B2:B19)将每个产品名称出现的数量转换成相应的小数，例如，"雪花香芋酥"共出现4次，在统计结果中便有4个4，用1分别除以这4个4，会得到4个0.25，如图3-40所示。最终每种产品名称的数值相加都等于1，由此便可统计出不重复的商品数量。SUMPRODUCT函数的作用是对参数中数组的乘积求和。

=SUMPRODUCT({0.25;0.333333333333333;0.333333333333333;
0.333333333333333;0.25;0.333333333333333;0.25;0.333333333333333;
0.333333333333333;0.333333333333333;0.333333333333333;
0.333333333333333;0.5;0.333333333333333;0.5;0.333333333333333;
0.333333333333333;0.25})

图 3-40

3.2.7 求最大值和最小值

使用MAX函数可以提取单元格区域中的最大值，使用MIN函数可以提取单元格区域中的最小值。这两个函数的使用方法基本相同，参数的设置方法也很简单。

动手练 **提取最高分和最低分**

下面以提取考生成绩中的最高分和最低分为例，介绍最大值和最小值函数的用法。

Step 01 选中F1单元格，输入公式"=MAX(C2:C13)"，按Enter键从C2:C13单元格区域中提取出最大值，即最高分数，如图3-41所示。

Step 02 选中F2单元格，输入公式"=MIN(C2:C13)"，按Enter键从C2:C13单元格区域中提取出最小值，即最低分数，如图3-42所示。

F1	▼	:	×	✓	fx	=MAX(C2:C13)

▲	A	B	C	D	E	F
1	考号	姓名	成绩		最高分	90
2	112001	丽丽	65		最低分	
3	112002	高霞	73			
4	112003	王琛明	62			
5	112004	刘丽英	82			
6	112006	王博	65			
7	112007	胡一统	31			
8	112008	赵甜	90			
9	112009	马明	86			
10	112010	叮铃	69			
11	112011	程明阳	57			
12	112013	胡海	62			
13	112014	李江	83			

图 3-41

F2	▼	:	×	✓	fx	=MIN(C2:C13)

▲	A	B	C	D	E	F
1	考号	姓名	成绩		最高分	90
2	112001	丽丽	65		最低分	31
3	112002	高霞	73			
4	112003	王琛明	62			
5	112004	刘丽英	82			
6	112006	王博	65			
7	112007	胡一统	31			
8	112008	赵甜	90			
9	112009	马明	86			
10	112010	叮铃	69			
11	112011	程明阳	57			
12	112013	胡海	62			
13	112014	李江	83			

图 3-42

知识点拨

若需要从多个区域中提取最大值或最小值，可以将多个区域设置为MAX或MIN函数的参数，每个区域之间用逗号分隔开即可。

3.2.8 RANK函数为一组数据排名

RANK函数用于求指定数值在一组数值中的排位。该函数有3个参数，语法格式及参数说明如下。

语法格式：=RANK(①要排名的数字，②数字列表，③排名方式)

参数说明：第一个参数表示要进行排名的数字。第二个参数表示要排名的数据所在区域。第三个参数表示排序的方式。第三参数为0或省略时按降序排序，即数字越大，排名结果值越小。第三参数为非零值时（通常设置为数字1）按升序排序，即数字越大，排名结果值越大。

动手练 为员工销售业绩排名

下面使用RANK函数对销售业绩值进行排名。要求按降序排名（数字越大，返回的排名值越小）。

Step 01 选中D2单元格，输入公式 "=RANK(C2,$C$2:$C$11,0)"，按Enter键返回第一个销售业绩值的排名数字，如图3-43所示。

Step 02 将D2单元格中的公式向下方填充，得到其他销售业绩排名，如图3-44所示。

D2	▼	:	×	✓	fx	=RANK(C2,$C$2:$C$11,0)

▲	A	B	C	D	E
1	姓名	性别	销售业绩	排名	
2	张东	男	77	2	
3	万晓	女	68		
4	李斯	男	32		
5	刘冬	男	45		
6	郑丽	女	72		
7	马伟	男	68		
8	孙丹	女	15		
9	蒋钦	男	98		
10	钱亮	男	43		
11	丁茜	女	50		

图 3-43

D2	▼	:	×	✓	fx	=RANK(C2,$C$2:$C$11,0)

▲	A	B	C	D	E
1	姓名	性别	销售业绩	排名	
2	张东	男	77	2	
3	万晓	女	68	4	
4	李斯	男	32	9	
5	刘冬	男	45	7	
6	郑丽	女	72	3	
7	马伟	男	68	4	
8	孙丹	女	15	10	
9	蒋钦	男	98	1	
10	钱亮	男	43	8	
11	丁茜	女	50	6	

图 3-44

3.2.9 用IF函数进行逻辑判断

IF函数可以判断一个条件是否成立，条件成立时返回一个值，条件不成立时返回另外一个值。IF函数包含三个参数，语法格式及参数说明如下。

语法格式：=IF(①条件，②条件成立时的返回值，③条件不成立时的返回值)

参数说明：第一个参数是一个返回结果为TRUE或FALSE的比较运算式；当第一个参数的返回结果为TRUE时，IF返回第二个参数指定的值；当第一个参数的返回结果为FALSE时，IF返回第三个参数指定的值。

下面举一个简单的例子说明IF函数的用法。假设表达式为"1>2"，可以编写公式"=IF(1>2,"正确","错误")"，由于"1>2"这个表达式不成立，判断结果为FALSE，所以公式返回第三个参数给出的值"错误"。

动手练 判断考试成绩是否及格

下面使用IF函数判断考生的成绩是否及格，低于60分返回"不及格"，大于或等于60分返回"及格"。

Step 01 选中D2单元格，输入公式"=IF(C2>=60,"及格","不及格")"，如图3-45所示。按Enter键返回判断结果。

Step 02 将D2单元格中的公式向下方填充，判断所有成绩是否及格，如图3-46所示。

VLOOKUP			× ✓ fx	=IF(C2>=60,"及格","不及格")
	A	B	C	D
1	姓名	性别	成绩	是否及格
2	张东	男	60	=IF(C2 >=60,"及格","不及格")
3	万晓	女	68	
4	李斯	男	32	
5	刘冬	男	45	
6	郑丽	女	72	
7	马伟	男	68	
8	孙丹	女	80	
9	蒋钦	男	98	
10	钱亮	男	43	
11	丁茜	女	50	

图 3-45

D2			× ✓ fx	=IF(C2>=60,"及格","不及格")
	A	B	C	D
1	姓名	性别	成绩	是否及格
2	张东	男	60	及格
3	万晓	女	68	及格
4	李斯	男	32	不及格
5	刘冬	男	45	不及格
6	郑丽	女	72	及格
7	马伟	男	68	及格
8	孙丹	女	80	及格
9	蒋钦	男	98	及格
10	钱亮	男	43	不及格
11	丁茜	女	50	不及格
12				

图 3-46

动手练 根据成绩自动生成评语

IF函数循环嵌套可实现多重判断，下面利用这一特质根据考试成绩自动输入评语。要求成绩小于60返回评语"还需努力，争取后来者居上"，成绩大于或等于60且小于80返回评语"加油拼搏，你会取得更大的进步"，大于或等于80返回"继续保持，再接再厉"。

根据要求可以先进行第一次判断"成绩是否小于60"若条件成立则返回对应评语；若不成立就需要继续判断"成绩是否小于80"，若条件成立返则回对应评语；若不成立则继续判断"成绩是否大于或等于80"；由于只对成绩做3个分段，若前两个表达式均不成立，则最后一个表达式肯定是成立的，公式可直接返回对应评语，条件的分解过程如图3-47所示。

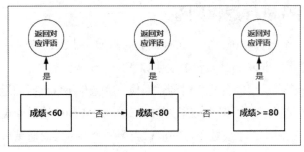

图 3-47

下面用IF函数编写嵌套公式自动生成评语。

Step 01 选中E2单元格，输入公式 "=IF(C2<60,"还需努力，争取后来者居上",IF(C2<80,"加油拼搏，你会取得更大的进步","继续保持，再接再厉"))"。

Step 02 按Enter键返回第一位考生的评语，随后将E2单元格中的公式向下方填充，即可返回所有考生的评语，如图3-48所示。

	A	B	C	D	E	F	G
1	姓名	性别	成绩	是否及格	评语		
2	张东	男	60	及格	加油拼搏，你会取得更大的进步		
3	万晓	女	68	及格	加油拼搏，你会取得更大的进步		
4	李斯	男	32	不及格	还需努力，争取后来者居上		
5	刘冬	男	45	不及格	还需努力，争取后来者居上		
6	郑丽	女	72	及格	加油拼搏，你会取得更大的进步		
7	马伟	男	68	及格	加油拼搏，你会取得更大的进步		
8	孙丹	女	80	及格	继续保持，再接再厉		
9	蒋钦	男	98	及格	继续保持，再接再厉		
10	钱亮	男	43	不及格	还需努力，争取后来者居上		
11	丁茜	女	50	不及格	还需努力，争取后来者居上		

E2单元格公式栏：=IF(C2<60,"还需努力，争取后来者居上",IF(C2<80,"加油拼搏，你会取得更大的进步","继续保持，再接再厉"))

图 3-48

知识点拨

本例公式中省略了第三个表达式"C2>=80"。正如上文所述，若前两个表达式均不成立，则只剩下"C2>=80"一种可能，因此当第二个表达式不成立时，可直接返回第三个表达式对应的评语。若不省略第三个表达式，则判断公式如下。

=IF(C2<60,"还需努力，争取后来者居上",IF(C2<80,"加油拼搏，你会取得更大的进步",IF(C2>=80,"继续保持，再接再厉")))

3.2.10 使用VLOOKUP函数查找数据

VLOOKUP函数可以在表格或数值组的首列查找指定的数值，并由此返回表格或数组当前行中指定列出的数值。语法格式及参数说明如下。

语法格式：=VLOOKUP(①要查找的值，②查找范围，③序列号，④查找方式)

参数说明：VLOOKUP函数有4个参数。第一个参数表示要查找的值，第二个参数表示查找范围（数据表），第三个参数表示序列号（返回值在数据表的第几列），第四个参数表示查找方式（精确查找用FALSE，模糊查找用TRUE）。

动手练 查找指定员工的销量

下面将根据给定的员工姓名查询对应的销量。由于VLOOKUP函数的参数较多，若对每个参数不熟悉，可以在"函数参数"对话框中设置参数。

Step 01 选中H2单元格，打开"公式"选项卡。在"函数库"组中单击"查找与引用"下拉按钮，在下拉列表中选择VLOOKUP选项，如图3-49所示。

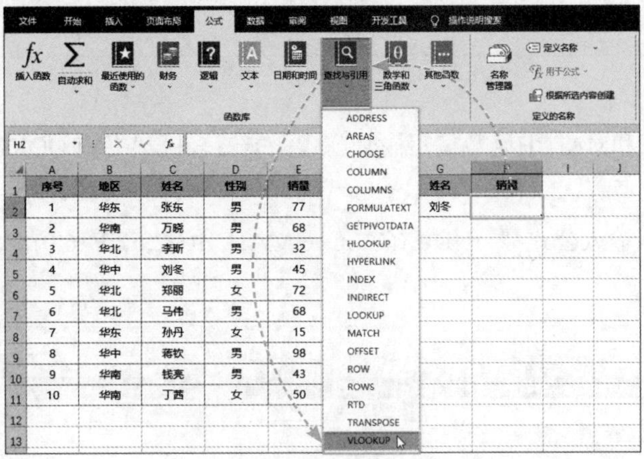

图 3-49

Step 02 弹出"函数参数"对话框，依次设置参数为"G2""C2:E11""3""FALSE"，单击"确定"按钮，关闭对话框，如图3-50所示。

Step 03 H2单元格中返回查询结果，如图3-51所示。

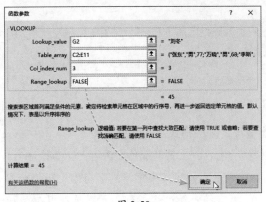

图 3-50

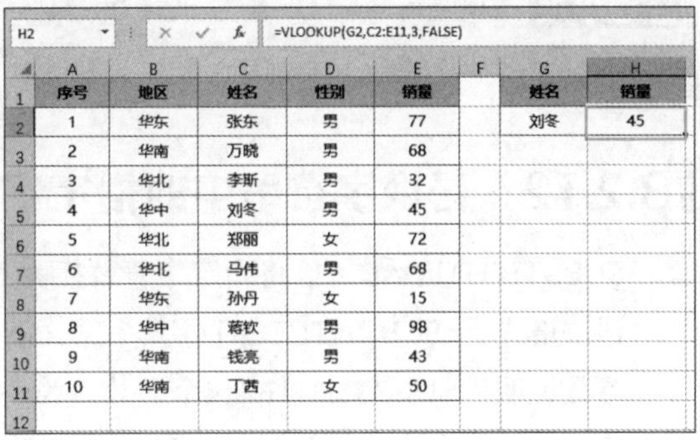

图 3-51

知识点拨

第一个参数（要查询的内容）必须在第二个参数指定的查询表的首列，否则将返回#N/A错误。

3.2.11 INDEX与MATCH函数嵌套反向查询数据

前面详细介绍了VLOOKUP函数的应用案例。使用VLOOKUP函数查找数据时，要查询的内容必须在查询表的第一列，否则将无法查询到结果，例如"商品名称"在最右侧列，若要使用VLOOKUP函数根据商品名称查询入库数量，则会返回错误值，如图3-52所示。

图 3-52

使用INDEX函数和MATCH函数编写嵌套公式，能够轻松解决VLOOKUP函数无法完成的反向查询操作。

选中H2单元格，输入公式"=INDEX(C2:C16,MATCH(G2,E2:E16,0))"，按Enter键返回查询结果，如图3-53所示。

图 3-53

注意事项 本例使用MATCH函数计算"保温杯"在所选单元格区域（E2:E16）中的位置，然后用INDEX函数返回C2:C16单元格区域中对应位置的入库数量。

3.2.12 替换字符串中的指定字符

SUBSTITUTE函数可以将指定字符替换为其他字符，语法格式及参数说明如下。

语法格式：=SUBSTITUTE(①字符串，②需要替换的内容，③替换成什么内容，④替换序号)

参数说明：SUBSTITUTE有4个参数。第一个参数表示要替换其中字符的字符串；第二个参数表示要被替换的字符；第三个参数表示要替换为的新字符；第四个参数表示替换第几处，该参数为可选参数，当字符串中包含多个要替换的字符时，用来指定替换第几处的字符，若忽略第四个参数，SUBSTITUTE默认替换字符串中所有指定的内容。

动手练 **批量替换产品型号中的指定字母**

下面使用SUBSTITUTE函数将产品型号中第2处"Y"替换为"D"。

Step 01 选中C2单元格，输入公式"=SUBSTITUTE(B2,"Y","D",2)"，按Enter键返回替换结果，此时第一个产品型号中的第2个"Y"被替换为了"D"，如图3-54所示。

Step 02 将C2单元格中的公式向下方填充，完成其他产品型号的替换，如图3-55所示。

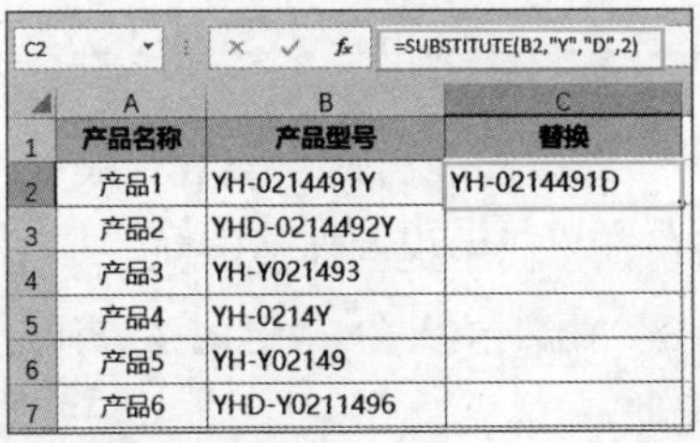

图 3-54

图 3-55

注意事项 若忽略SUBSTITUTE函数的第四个参数，则默认替换字符串中出现的所有指定值，如图3-56所示。

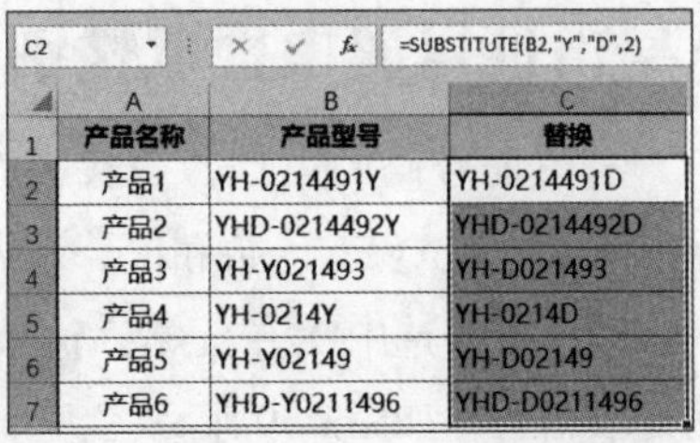

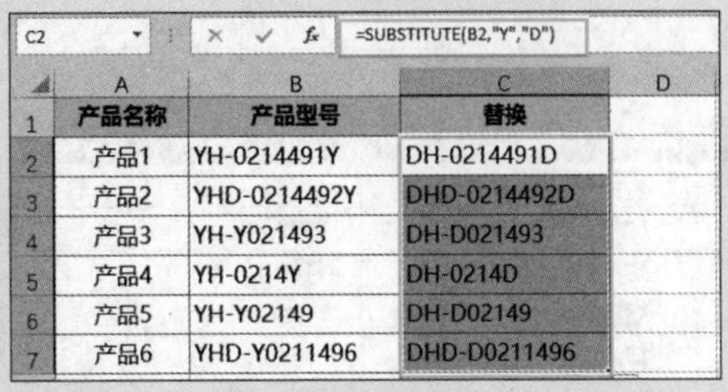

图 3-56

2.2.13 从身份证号码中提取信息

公司文员或人事专员经常需要处理很多员工信息。例如在制作员工基本信息表时需要录入员工的性别、出生日期、年龄等信息，其实这些信息可以根据身份证号码自动提取。下面介绍具体操作方法。

动手练 从身份证号码中提取出生日期

身份证号码的第7～14位代表出生日期，下面使用MID函数与TEXT函数嵌套编写公式，提取身份证号码中的出身日期。

Step 01 选中C2单元格，输入公式"=TEXT(MID(B2,7,8),"0000-00-00")"，如图3-57所示。按Enter键提取身份证号码中的出生日期。

Step 02 再次选中C2单元格，将公式向下方填充，提取出其他身份证号码中的出生日期，如图3-58所示。

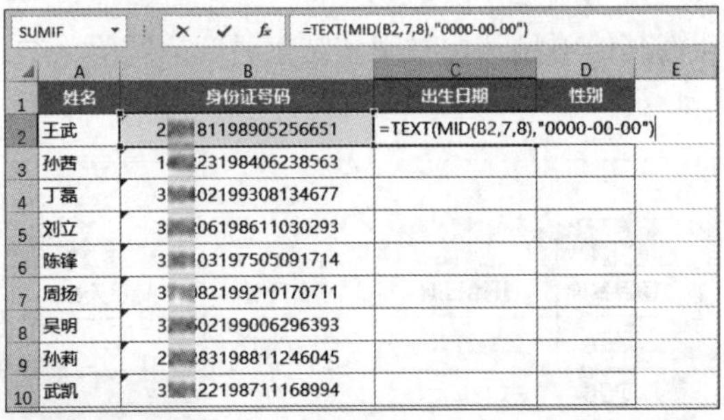

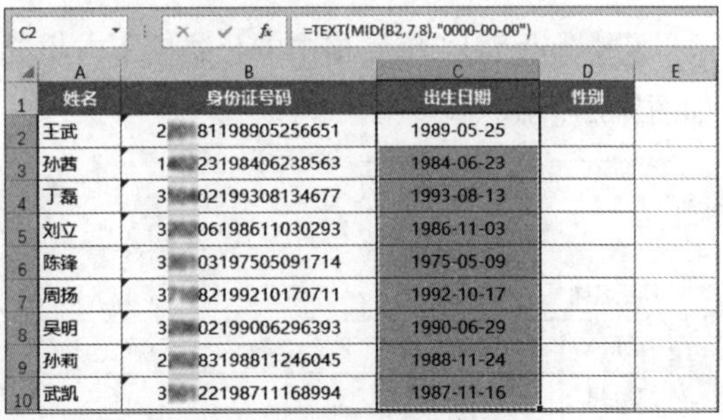

图 3-57

图 3-58

知识点拨

MID和TEXT函数都是文本函数。MID函数可以从字符串的指定位置开始提取指定数量的字符。本例"MID(B2,7,8)"表示从身份证号码的第7位数开始提取，提取出8位数。TEXT函数将提取的代表出生日期的数字转换为"0000-00-00"格式。

动手练 从身份证号码中提取性别

　　身份证号码的第14位数代表性别，奇数代表男性，偶数代表女性。下面使用MID函数、ISEVEN函数和IF函数从身份证号码中提取性别信息。

　　Step 01 选中D2单元格，输入公式"=IF(ISEVEN(MID(B2,17,1)),"女","男")"，按Enter键返回提取结果，如图3-59所示。

　　Step 02 将D2单元格中的公式向下方填充，提取出其他身份证号码的性别，如图3-60所示。

姓名	身份证号码	出生日期	性别
王武	2███81198905256651	1989-05-25	男
孙茜	1███23198406238563	1984-06-23	
丁磊	3███02199308134677	1993-08-13	
刘立	3███06198611030293	1986-11-03	
陈锋	3███03197505091714	1975-05-09	
周扬	3███82199210170711	1992-10-17	
吴明	3███02199006296393	1990-06-29	
孙莉	2███83198811246045	1988-11-24	
武凯	3███22198711168994	1987-11-16	

图 3-59

姓名	身份证号码	出生日期	性别
王武	2███81198905256651	1989-05-25	男
孙茜	1███23198406238563	1984-06-23	女
丁磊	3███02199308134677	1993-08-13	男
刘立	3███06198611030293	1986-11-03	男
陈锋	3███03197505091714	1975-05-09	男
周扬	3███82199210170711	1992-10-17	男
吴明	3███02199006296393	1990-06-29	男
孙莉	2███83198811246045	1988-11-24	女
武凯	3███22198711168994	1987-11-16	男

图 3-60

知识点拨

　　ISEVEN函数是信息函数，作用是判断一个数字是否为偶数，偶数返回TRUE，否则返回FALSE。本例公式先使用MID函数提取身份证号码的第17位数字，然后用ISEVEN函数判断这个数字是否为偶数。最后用IF函数将判断结果转换成文本，是偶数返回"女"，否则返回"男"。

3.2.14　使用DAYS函数计算两个日期的间隔天数

　　DAYS函数可以计算两个日期的间隔天数。DAYS函数有两个参数，第一个参数表示终止日期，第二个参数表示开始日期。下面根据项目的开始时间和结束时间计算项目历时总天数。

　　Step 01 选中D2单元格，输入公式"=DAYS(C2,B2)"，如图3-61所示，按Enter键返回计算结果。

　　Step 02 将D2单元格中的公式向下方填充，计算其他项目开始时间和结束时间的间隔天数，如图3-62所示。

项目名称	开始日期	结束日期	项目天数
项目A	2022/3/1	2023/5/18	=DAYS(C2,B2)
项目B	2022/4/16	2022/9/5	
项目C	2023/1/11	2023/9/10	
项目D	2023/2/8	2023/6/20	

图 3-61

项目名称	开始日期	结束日期	项目天数
项目A	2022/3/1	2023/5/18	443
项目B	2022/4/16	2022/9/5	142
项目C	2023/1/11	2023/9/10	242
项目D	2023/2/8	2023/6/20	132

图 3-62

 3.3　新手答疑

1. Q: 如何审核、排查公式中是否存在错误？

A: Excel提供一系列的公式审核、查错工具，当公式遇到问题时，可以利用这些工具进行错误排查。公式审核工具保存在"公式"选项卡中的"公式审核"组内，如图3-63所示。

图 3-63

2. Q: 无法退出公式的编辑状态怎么办？

A: 如果正在编辑的公式有问题，很可能无法退出编辑状态。此时可以删除公式前面的等号（＝），或按Esc键退出公式的编辑状态。

3. Q: 公式不自动计算怎么办？

A: 如果公式不自动计算，有可能是以下两种原因造成的。

原因一：公式在"文本"格式的单元格中。需要将单元格设置为"常规"格式，然后重新输入公式，如图3-64所示。

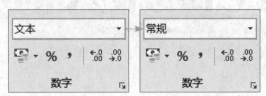

图 3-64

原因二：当前工作表开启了"显示公式"模式。在"显示公式"模式下，列宽会自动变宽，且公式不是以结果值显示，而是以公式显示，但是在该模式下填充公式时，引用的单元格依然会遵循引用原则，随着公式位置的变化自动发生变化。在"公式"选项卡的"公式审核"组中单击"显示公式"按钮，可退出"显示公式"模式，如图3-65所示。

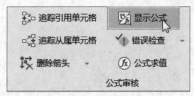

图 3-65

第4章
Power BI 入门知识

Power BI（Power Business Intelligence）是微软公司推出的可视化探索和交互式报告工具。Power BI操作简单快捷，功能强大，能够与Excel软件无缝协作，是许多数据工作者首选的数据分析与可视化工具。本章主要对Power BI的基础知识进行介绍。

4.1 初识Power BI

Power BI可以连接不同类型的数据源，将获取的数据整理和转换为符合要求的格式，为多个相关表建立关系以构建数据模型，然后在此基础上创建可视化报表，最后在Web和移动设备中使用。

4.1.1 Power BI的组成

Power BI是由微软公司研发的一款商业智能分析软件，是一款可视化自助式BI工具，具有丰富的可视化组件，可跨设备使用，与各种不同系统无缝对接和兼容。简单易用，核心理念是让业务人员无须编程就能快速上手商业大数据分析。

Power BI的主要作用包括数据清洗、数据建模、数据可视化以及报表分享。既可以作为个人报表的数据处理工具，也可以作为项目组、部门或整个企业的BI部署和决策引擎。

Power BI包括多个协同工作单元，其相关介绍如下。

- **Power BI Desktop桌面应用程序**：Power BI Desktop是一款Windows桌面应用程序，用于创建、设计和发布报表，包括导入数据、整理数据、转换数据、为数据建模、以可视化的方式展示数据、发布数据等功能。Power BI Desktop提供免费下载和使用，但是若要发布数据，则需要注册Power BI账户。
- **Power BI服务**：Power BI服务是联机服务型软件，允许用户将制作好的报表发布并共享给他人，可以在Web中查看和使用报表。
- **Power BI移动应用**：Power BI移动应用适用于手机、平板电脑等设备。

4.1.2 Power BI的基本元素

Power BI的基本元素包括数据集、视觉对象、报表、仪表板和磁贴5种。

1. 数据集

数据集是使用Power BI创建报表的基础数据，也可以称为"数据源"，可以从不同途径获取数据源，例如从Excel中获取数据源，如图4-1所示。将数据导入Power BI后，用户可以根据需要对这些数据进行整理，如删除一些无意义的行或列，将某列中包含的信息按指定的条件拆分，在一维表和二维表之间转换等。

	A	B	C	D	E	F	G
1	日期	销售员	部门	销售商品	销售数量	销售单价	销售金额
2	2023/7/2	王润	销售B组	洗面奶	10	50	500
3	2023/7/3	吴远道	销售A组	隔离霜	10	90	900
4	2023/7/3	王润	销售B组	精华液	5	180	900
5	2023/7/5	吴远道	销售A组	防晒霜	10	150	1500
6	2023/7/5	吴远道	销售A组	BB霜	50	60	3000
7	2023/7/5	王润	销售B组	柔肤水	40	55	2200
8	2023/7/11	向木喜	销售B组	洗面奶	5	60	300
9	2023/7/13	向木喜	销售B组	BB霜	18	99	1782
10	2023/7/18	林子墨	销售A组	防晒霜	20	150	3000
11	2023/7/18	林子墨	销售A组	精华液	5	180	900
12	2023/7/18	向木喜	销售B组	柔肤水	60	55	3300

图 4-1

2. 视觉对象

视觉对象也被称为"可视化效果"，是指将数据以图形、图表、地图等图形化的方式展现出来，从而使用户更容易发现和理解数据背后的含义，如图4-2所示。

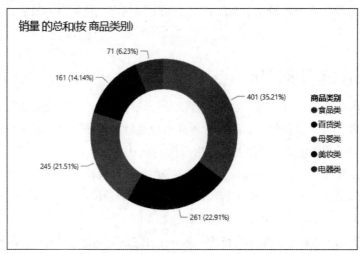

图 4-2

3. 报表

报表是Power BI中位于一个或者多个页面中的可视化效果的集合，便于用户从不同的角度观察和分析数据，还可以通过钻取、切片器等工具灵活查看报表中的相关数据。用户可以在页面中随意调整可视化效果的位置和大小，如图4-3所示。

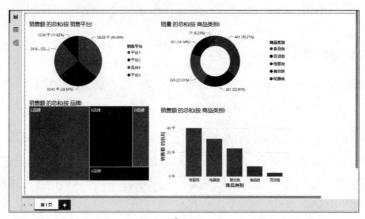

图 4-3

4. 仪表板

仪表板是Power BI服务支持的特定元素，其外观与报表类似。仪表板上的可视化效果可以来自一个或多个数据集，也可以来自一个或多个报表。

5. 磁贴

磁贴是Power BI服务支持的特定元素，它是仪表板上的一个可视化效果，类似于报表中一个独立的可视化效果。在一个仪表板中通常包含多个磁贴，可以将磁贴固定在仪表板上，类似于Windows 10 操作系统中固定在开始屏幕中的磁贴。

4.2 熟悉Power BI Desktop

Power BI Desktop是Power BI的桌面应用程序，可以将基础数据源创建为可视化报表，下面对Power BI Desktop的主要功能、运行环境、下载和安装、界面的组成、视图模式等进行详细介绍。

4.2.1 Power BI Desktop主要功能

使用Power BI Desktop，可以根据导入的基础数据创建可视化报表，其主要功能如图4-4所示。

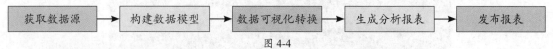

图 4-4

1. 获取数据源

Power BI Desktop可以连接不同类型的文件，并从中获取数据。

2. 构建数据模型

Power BI Desktop可以对获取的数据按需要进行整理和转换，并为多个具有内在联系的表创建关系，从而构建数据模型。

3. 数据可视化转换

Power BI Desktop通过视觉对象将获取的数据以图形的方式进行展示。

4. 生成分析报表

Power BI Desktop在一个或多个页面中整合多个视觉对象，从而建立业务分析报表。

5. 发布报表

Power BI Desktop可以将制作完成的报表发布至Power BI服务。

4.2.2 Power BI Desktop运行环境

若想安装及运行Power BI Desktop，计算机硬件和操作系统需要满足以下条件。

- **操作系统**：Windows 8/8.1、Windows 10、Windows Server 2008 R2、Windows Server 2012，需要安装.NET Framework 4.5。
- **浏览器**：Internet Explorer 10或更高版本。
- **CPU**：1GHz或更快的x86或x64位处理器。
- **内存**：可用内存至少为1GB，2GB最佳。
- **显示分辨率**：至少为1440像素×900像素或1600像素×900像素（16：9），不建议使用1024像素×768像素或1280像素×800像素，以防止某些控件因分辨率过低无法显示。

4.2.3 下载和安装Power BI Desktop

Power BI Desktop可免费下载。下面介绍下载和安装Power BI Desktop桌面应用程序的具体步骤。

动手练 下载Power BI Desktop

Step 01 通过网址https://powerbi.microsoft.com/zh-cn/desktop/打开微软的Power BI Desktop下载页面，单击"免费下载"按钮，如图4-5所示。

图 4-5

Step 02 在打开的网页中根据需要选择语言。默认选择的是English（英文版），网页中的文字也以英文显示。中文包括Chinese（Simplified）（简体中文版）和Chinese（Traditional）（繁体中文版）两种选项，此处以Chinese（Simplified）为例，如图4-6所示。

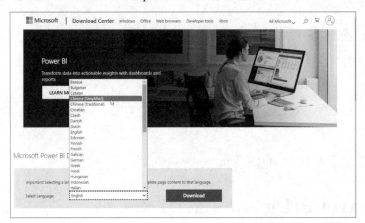

图 4-6

Step 03 选择语言后，网页中的文本会随之自动更改，单击"下载"按钮，如图4-7所示。

图 4-7

Step 04 在打开的新页面中勾选要下载的文件，带有x64的文件名适用于64位的Windows操作系统，不带x64的文件名适合32位的Windows操作系统，选择后单击页面右下角的"Next"按钮，如图4-8所示。

Step 05 在打开的"新建下载任务"对话框中选择文件的保存路径，单击"下载"按钮，即可将Power BI Desktop应用程序下载到计算机中的指定位置，如图4-9所示。

图 4-8   图 4-9

动手练 安装Power BI Desktop程序

Step 01 应用程序下载成功后，根据保存路径找到PBIDesktopSetup_x64.exe文件，并双击该文件启动程序安装模式，如图4-10所示。

| PBIDesktopSetup_x64.exe | 2023/5/6 13:04 | 应用程序 | 474,677 KB |

图 4-10

Step 02 根据安装向导提供的文字提示，单击"下一步"按钮，进入下一步操作，如图4-11、图4-12所示。

图 4-11   图 4-12

Step 03 在如图4-13所示的对话框中勾选"我接受许可协议中的条款"复选框，单击"下一步"按钮。

Step 04 若不满意默认的安装路径，可以单击"更改"按钮，重新选择应用程序的安装路径，接着单击"下一步"按钮，如图4-14所示。

图 4-13

图 4-14

Step 05 若要在桌面上显示软件快捷图标，则勾选"创建桌面快捷键"复选框，单击"安装"按钮，如图4-15所示。

Step 06 应用程序安装完成后单击"完成"按钮即可，若勾选"启动Microsoft Power BI Desktop"复选框，则对话框关闭后应用程序会自动启动，如图4-16所示。

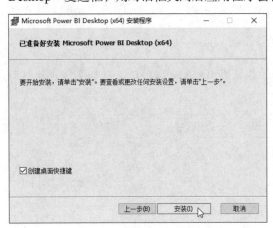

图 4-15

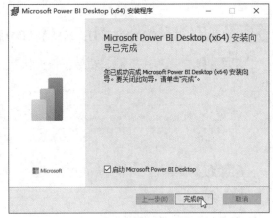

图 4-16

4.2.4 Power BI Desktop工作界面

Power BI Desktop主界面很简洁，由功能区、视图区和报表编辑器三个主要部分组成，如图4-17所示。每部分的功能如下。

- **功能区：** 位于界面顶部，包含用于数据设计和数据建模的相关选项卡和命令，在不同视图中功能区包含的选项卡也不相同。默认显示的报表视图中包括"文件""主页""插入""建模""视图""优化""帮助"选项卡。
- **视图区：** Power BI Desktop包含三种视图，分别为"报表视图""数据视图"以及"模型视图"。不同的视图为特定阶段的工作提供适合的操作环境和命令。
- **报表编辑器：** 报表编辑器位于界面的右侧，当视图不同时，报表编辑器中显示的窗格也会有所不同。报表视图中默认显示"数据""可视化"以及"筛选器"三个窗格，这些窗格可以根据需要进行折叠或展开。

图 4-17

动手练 视图的切换

在Power BI Desktop窗口的功能区左下方包含三个图标，从上到下依次为"报表视图""数据视图""模型视图"，单击图标即可切换到相应视图，如图4-18所示。

报表视图

数据视图

模型视图

图 4-18

4.2.5 Power BI Desktop视图模式

为了轻松开启Power BI Desktop的学习之旅，需要对Power BI Desktop的三种视图模式的作用进行详细介绍。

1. 报表视图

报表视图是Power BI Desktop默认显示的视图，主要由画布、页面选项卡、报表编辑器等部分组成，如图4-19所示。

在报表视图中，可使用创建或导入的表来构建具有吸引力的视觉对象，视觉对象在画布中显示。报表可以包含多个页面，并可以在一个或多个页面中排列多个视觉对象，以创建内容复杂的报表，还可以将报表分享给他人。

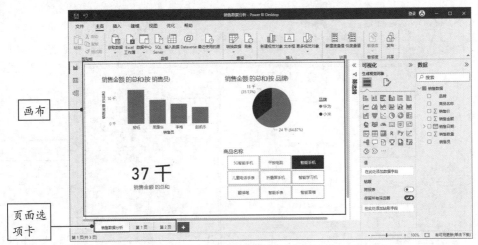

图 4-19

各组成部分的详细说明如下。

（1）画布

功能区下方的大面积空白区域即画布。报表中的所有视觉对象都排列在画布中。用户可以对画布的大小及样式进行设置。

（2）页面选项卡

页面选项卡在画布的左下角，默认创建的报表中只有一页，名称为"第1页"，若需要组织多组不同的视觉对象，可以添加新的页面。单击"第1页"右侧的■按钮，可以添加新页面。

（3）报表编辑器

报表视图中包含"数据""可视化"以及"筛选器"三个窗格。报表编辑器中的窗格可以根据需要折叠或展开，用户可通过单击》或《按钮折叠或展开窗格，如图4-20所示。

图 4-20

2. 数据视图

数据视图以数据模型格式显示报表中的数据，通过功能区中的命令可以在报表中添加度量值、创建计算列等。

数据视图中包含一个"数据"窗格,该窗格与报表视图中的"数据"窗格类似,窗格中的字段不提供复选框,单击其中的某个字段,可以在数据区域中选中相应的列,如图4-21所示。

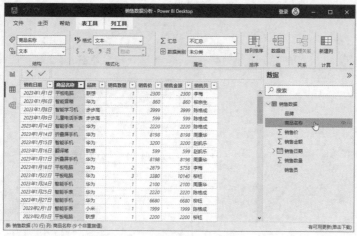

图 4-21

3. 模型视图

模型视图显示Power BI Desktop中所有表的关系,并可以根据需要管理、修改、构建关系,即数据建模。每个表以缩略图的形式显示,缩略图中显示表的名称和字段标题,每个表之间存在关系的字段会自动生成连接线,模型视图的报表编辑器中包含"属性"和"数据"两个窗格,如图4-22所示。

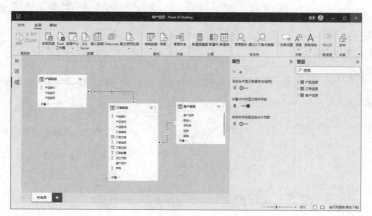

图 4-22

4.3 报表编辑器的应用

报表编辑器中包含多种窗格,不同视图下的报表编辑器内包含的窗格有所不同。最常用的是报表视图中的三个窗格,这些窗格中提供各种命令按钮和操作选项,用于设计最终的报表效果。下面对这三个窗格的作用进行详细介绍。

4.3.1 "可视化"窗格

"可视化"窗格中包含大量的视觉对象,这些视觉对象以图标的形式排列在窗格顶部,通过视觉对象的选择可以让数据在画布上呈现相应的视觉效果。

视觉对象图标下方区域为视觉对象提供所需的字段，以及筛选和钻取选项，如图4-23所示。

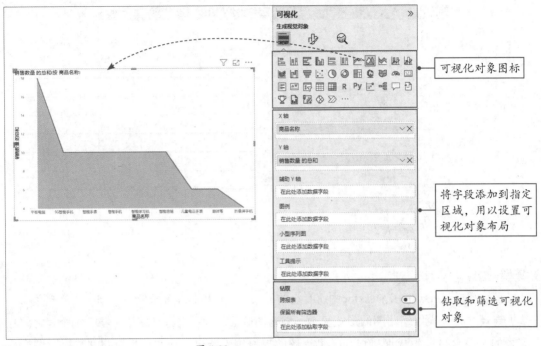

图 4-23

"可视化"窗格包含三个选项卡，除了默认打开的"生成视觉对象"选项卡之外，还包含"设置视觉对象格式"和"分析"两个选项卡。

（1）设置视觉对象格式

对画布上当前选中的视觉对象进行细节设置，例如设置X轴、Y轴、网格线、数据标签等元素的效果，如图4-24所示。

（2）分析

向视觉对象添加进一步分析，例如添加平均值线、中值线等，如图4-25所示。

图 4-24

图 4-25

4.3.2 "筛选器"窗格

在"筛选器"窗格中可以对视觉对象上的数据进行筛选，从而在报表的视觉对象中显示最关心的数据。Power BI Desktop中，按照作用的范围，筛选器可以分为"此视觉对象上的筛选器""此页上的筛选器"以及"所有页面上的筛选器"三种，如图4-26所示。

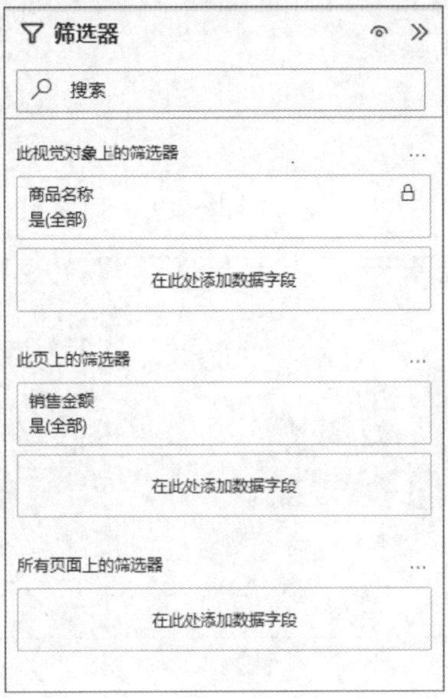

图 4-26

每种筛选器的详细说明如下。

（1）此视觉对象上的筛选器

"此视觉对象上的筛选器"是最常用的筛选器，当画布中没有视觉对象时，该筛选器不会出现，只有创建并选中一个视觉对象后，才可以设置。

（2）此页上的筛选器

"此页上的筛选器"可以筛选当前报表页面中所有视觉对象，具体设置方法和视觉对象级筛选器类似，不同之处在于设置前不需要选中视觉对象，只需要将想筛选的字段拖放到该筛选器中的"在此处添加数据字段"即可。

（3）所有页面上的筛选器

"所有页面上的筛选器"位于"在此页上的筛选器"的下方，其作用范围更广，不仅可以筛选当前页面的全部视觉对象，还可以筛选报表内其他页面的视觉对象。筛选方式和前两种筛选器类似。在Power BI Desktop中将制作好的报表发布到Power BI服务中后，创建的筛选器依然有效，同样可以在Power BI服务中筛选报表。

4.3.3 "数据"窗格

在Power BI Desktop中加载数据后，"数据"窗格中会显示表名称及表中的所有字段。通过勾选相应复选框，可将字段添加到画布中，继而生成视觉对象。字段的类型决定了默认创建的视觉对象的类型。先添加文本型字段，默认创建"表"视觉对象，如图4-27所示。先添加数值型字段，默认创建"簇状柱形图"视觉对象，如图4-28所示。

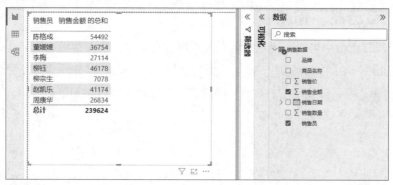

图 4-27

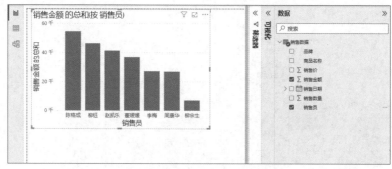

图 4-28

4.4 获取数据源

Power BI Desktop可以轻松连接多种文件类型的数据源，例如从Excel工作簿中获取数据，从基于云和本地混合数据仓库的集合中获取数据、从SQL Server导入数据，获取网页数据等。

4.4.1 获取数据源的多种通道

Power BI Desktop提供多种获取数据源的通道。启动Power BI Desktop，在默认的报表视图中可以通过功能区中的命令按钮、画布中提供的选项以及"数据"窗格中的选项获取数据源，如图4-29所示。

图 4-29

动手练 获取Excel中的数据

Excel工作簿中的数据是Power BI Desktop数据的主要来源之一，因此Power BI Desktop提供多处直接获取Excel数据的操作按钮，下面介绍如何将Excel中的数据导入Power BI Desktop。

Step 01 启动Power BI Desktop，在画布中单击"从Excel导入数据"按钮（或在"主页"选项卡的"数据"组中单击"工作簿"按钮），如图4-30所示。

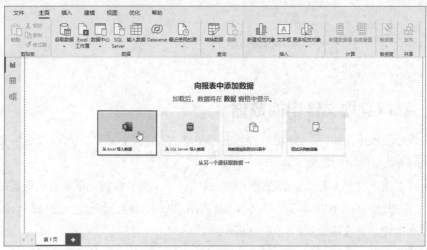

图 4-30

Step 02 弹出"打开"对话框，选择要导入其中数据的Excel工作簿，单击"打开"按钮，如图4-31所示。

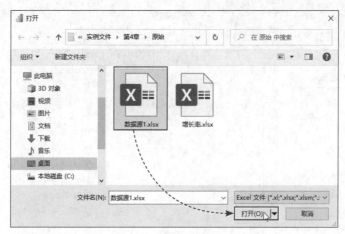

图 4-31

Step 03 打开"导航器"对话框，对话框左侧会显示工作簿中包含的工作表（若工作簿中包含多张工作表，会在此全部显示），勾选工作表名称左侧的复选框，对话框右侧会显示所选工作表中的数据预览，单击"加载"按钮，如图4-32所示。

Step 04 数据经过加载便被导入Power BI Desktop中，在"数据"窗格中会显示导入的表名称，如图4-33所示。

Step 05 单击表名称左侧的▷按钮，可展开该表中所有字段，如图4-34所示。

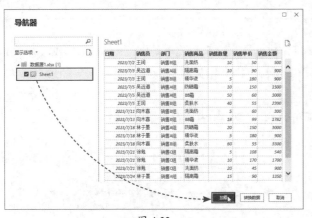

图 4-32   图 4-33   图 4-34

4.4.2   获取其他文件中的数据

除了获取Excel中的数据源，还可以连接其他类型文件中的数据，例如获取文本文件中的数据，获取Access数据库中的数据等。

在"主页"选项卡中单击"获取数据"下拉按钮，下拉列表中包含很多常用的数据源类型，包括Excel工作簿、Power BI数据集、文本/CSV、Web、OData数据源等，选择需要的数据源类型，随后逐步操作，导入相关数据即可，如图4-35所示。

若要获取更多的文件类型，可以在"获取数据"下拉列表的最底部单击"更多"选项，打开"获取数据"对话框，该对话框中提供更多可以连接的数据源类型，包括文件、数据库、Power Platform、Azure、联机服务和其他，如图4-36所示。

图 4-35

图 4-36

动手练 获取文本文件中的数据

Step 01 在"主页"选项卡的"数据"组中单击"获取数据"下拉按钮，在下拉列表中选择"文本/CSV"选项，如图4-37所示。

Step 02 弹出"打开"对话框，选择要使用的文本文件，单击"打开"按钮，如图4-38所示。

图 4-37

图 4-38

Step 03 在打开的对话框中会显示所选文件中的数据预览，用户可以根据需要选择"文件原始格式""分隔符"的样式等。单击"加载"按钮即可将文本文件中的数据导入Power BI Desktop中，如图4-39所示。

半年销售数据.txt						
文件原始格式		分隔符		数据类型检测		
65001: Unicode (UTF-8)		制表符		基于前 200 行		
Column1	Column2	Column3	Column4	Column5	Column6	Column7
商品名称	1月	2月	3月	4月	5月	6月
商品1	302	2883	2555	2333	1282	2592
商品2	1003	366	2223	1169	2763	2358
商品3	631	1724	2593	1415	130	1958
商品4	1337	721	2541	2297	519	1969
商品5	2356	2667	1002	1000	1251	507
商品6	227	1941	2460	1509	962	704
商品7	154	524	2874	601	864	569
商品8	2226	1346	1857	579	2924	593
商品9	309	2441	293	565	1593	260
商品10	1155	2024	1359	1442	1757	418
商品11	1748	1338	2554	857	640	547
商品12	967	2575	1993	2846	1544	2831

使用示例提取表　　　加载　转换数据　取消

图 4-39

动手练 获取网页数据

Power BI提供从网页直接抓取数据的服务。下面介绍具体操作方法。

Step 01 在"主页"选项卡的"数据"组中单击"获取数据"下拉按钮，在下拉列表中选择"Web"选项，如图4-40所示。

Step 02 在弹出的对话框中输入要抓取的网址，单击"确定"按钮，如图4-41所示。

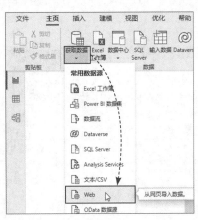

图 4-40

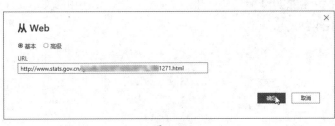

图 4-41

Step 03 网站中的表格型数据被抓取，在"导航器"对话框中勾选要导入的表名称（也可同时勾选多个表），单击"加载"按钮，即可将所选表中的数据导入Power BI Desktop中，如图4-42所示（本例数据来源于国家统计局官方网站）。

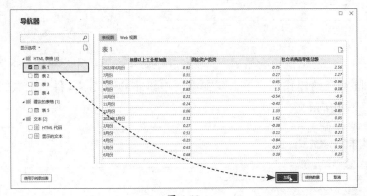

图 4-42

知识点拨

Power BI支持市面上所有关系型数据库，在"获取数据"对话框中选择"数据库"选项，可以看到所有支持的数据库类型，如图4-43所示。选择需要的数据库类型，根据对话框中提供的选项输入服务器地址以及数据库名称等，完成数据库的连接即可。

图 4-43

4.4.3 合并获取文件夹中的数据

一个文件夹中多个文件的数据可以合并导入Power BI Desktop。当数据源保存在一个文件夹中的多个文件中时，可以使用此方法进行合并。下面以合并"工资核算"文件夹中三个Excel工作簿中的数据为例进行介绍，如图4-44所示。

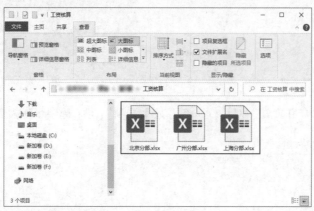

图 4-44

Step 01 启动Power BI Desktop，在"主页"选项卡的"数据"组中单击"获取数据"下拉按钮，在下拉列表中选择"更多"选项，如图4-45所示。

Step 02 弹出"获取数据"对话框，选择"文件夹"选项，单击"连接"按钮，如图4-46所示。

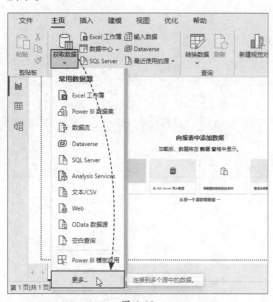

图 4-45   图 4-46

Step 03 打开"文件夹"对话框，单击"浏览"按钮，在打开的"浏览文件夹"对话框中选择要导入其中内容的文件所在的文件夹，文件夹的路径随即出现在文本框中，单击"确定"按钮，如图4-47所示。

Step 04 打开的对话框中会显示所选文件夹中的所有文件及相关属性，单击"组合"按钮，在下拉列表中选择"合并并转换数据"选项，如图4-48所示。

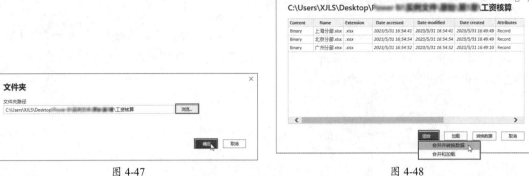

図 4-47　　　　　　　　　　　　　　　　　　　図 4-48

Step 05 打开"合并文件"对话框,在"显示选项"组中选中工作表名称,单击"确定"按钮,如图4-49所示。

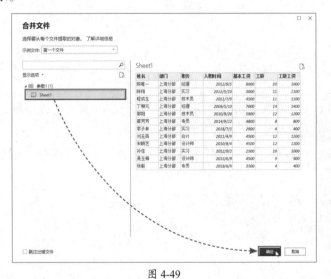

图 4-49

Step 06 所选文件夹中所有文件的数据被合并到一个表中,并自动打开Power Query编辑器,显示详细数据,如图4-50所示。

	A\B_C Source.Name	A\B_C 姓名	A\B_C 部门	A\B_C 职务	入职时间	1\2_3 基本工资
1	上海分部.xlsx	陈唯一	上海分部	经理	2012/9/5	8000
2	上海分部.xlsx	陈翔	上海分部	实习	2012/5/10	3000
3	上海分部.xlsx	程成生	上海分部	技术员	2011/7/9	4500
4	上海分部.xlsx	丁柳元	上海分部	经理	2009/5/10	7000
5	上海分部.xlsx	郭阳	上海分部	技术员	2010/9/20	5800
6	上海分部.xlsx	蒋芳芳	上海分部	专员	2014/9/22	4800
7	上海分部.xlsx	李子林	上海分部	实习	2018/7/1	2900
8	上海分部.xlsx	刘玉英	上海分部	会计	2011/4/9	4500
9	上海分部.xlsx	宋晓艺	上海分部	设计师	2010/8/4	4500
10	上海分部.xlsx	孙佳	上海分部	实习	2012/9/2	2500
11	上海分部.xlsx	吴玉梅	上海分部	设计师	2013/6/9	4500
12	上海分部.xlsx	张毅	上海分部	专员	2018/6/9	3500
13	北京分部.xlsx	刘勇	北京分部	技术员	2014/9/4	5000
14	北京分部.xlsx	蒋小智	北京分部	专员	2011/9/1	3500
15	北京分部.xlsx	吴磊	北京分部	技术员	2010/3/20	5000
16	北京分部.xlsx	吴盼盼	北京分部	专员	2011/10/8	3500
17	北京分部.xlsx	孙乾	北京分部	经理	2008/8/16	6000
18	北京分部.xlsx	刘东	北京分部	经理	2009/4/8	8500
19	北京分部.xlsx	张婷	北京分部	会计	2018/5/4	5000
20	北京分部.xlsx	刘珂	北京分部	出纳	2018/6/9	2900
21	广州分部.xlsx	吴美玲	广州分部	经理	2012/9/5	8000
22	广州分部.xlsx	阮瑞	广州分部	设计师	2010/8/4	4500
23	广州分部.xlsx	赵富强	广州分部	专员	2018/6/9	3500
24	广州分部.xlsx	张可	广州分部	会计	2011/4/9	4500

图 4-50

4.4.4　在Power BI Desktop中创建新表

Power BI Desktop支持创建新表，用户可以手动输入数据，或从其他文件中复制数据创建新表。

动手练 **手动输入数据创建表**

Step 01 启动Power BI Desktop，在"主页"选项卡的"数据"组中单击"输入数据"按钮，如图4-51所示。

Step 02 打开"创建表"对话框，此时对话框中包含一个可用单元格，默认单元格为"列1"，如图4-52所示。

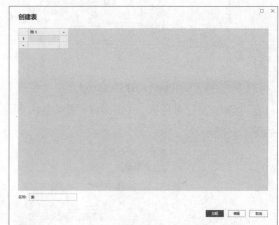

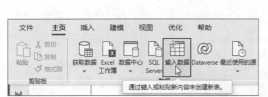

图 4-51　　　　　　　　　　　　　　　　图 4-52

Step 03 单击行标签下方的 + 按钮，或单击列标签右侧的 + 按钮，可以增加空白行或空白列。修改列标题并在表格中输入相关内容，在对话框的左下角"名称"文本框中可以设置表名称。表内容输入完成后，单击"加载"按钮即可将数据加载到Power BI Desktop中，如图4-53所示。

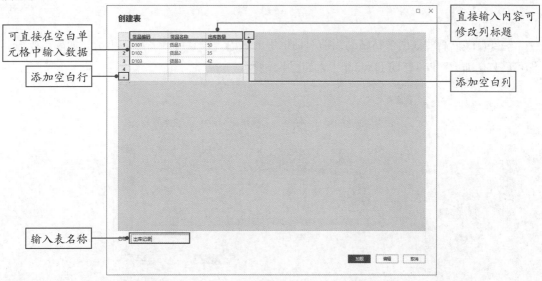

图 4-53

动手练 复制其他文件的数据创建表 ●─────────────────────────

用户也可以通过复制粘贴的方法获取其他文件的中的数据。具体操作方法如下。

Step 01 此处以复制Excel中的数据为例，打开要复制其中数据的文件，选中要复制的数据区域，按Ctrl+C组合键复制，如图4-54所示。

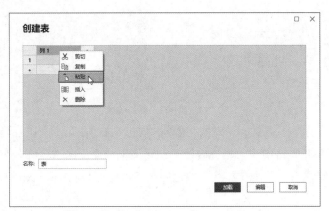

图 4-54

Step 02 启动Power BI Desktop，在"主页"选项卡的"数据"组中单击"输入数据"按钮。打开"创建表"对话框，右击列标题或空白单元格，在弹出的快捷菜单中选择"粘贴"选项，如图4-55所示。

图 4-55

Step 03 复制的数据被粘贴到当前对话框中的表内，设置好表名称，单击"加载"按钮，即可将数据加载到Power BI Desktop中，如图4-56所示。

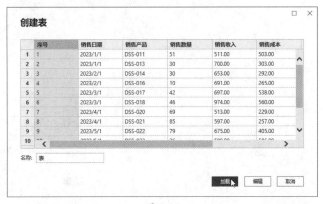

图 4-56

4.4.5 刷新数据

数据加载到Power BI Desktop中以后，若原始的数据源内容发生了更改，可以通过刷新让加载的数据和数据源保持同步。刷新数据的方法有很多种，用户可以在"主页"选项卡中单击"刷新"按钮刷新数据，如图4-57所示。

图 4-57

除此之外，用户也可以在"数据"窗格中右击要刷新的表名称，在弹出的快捷菜单中选择"刷新数据"选项，刷新该表中的数据，如图4-58所示。

图 4-58

动手练 **更改数据源**

当数据源的名称或位置被更改，在Power BI Desktop中刷新数据后将弹出对话框，提示找不到数据源，如图4-59所示。

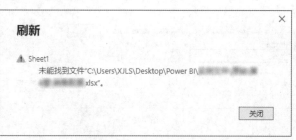

图 4-59

此时需要将数据源的名称或位置还原，若无法还原，则需要重新指定数据源，具体操作方法如下。

Step 01 在任意视图中打开"主页"选项卡，单击"转换数据"下拉按钮，在下拉列表中选择"数据源设置"选项，如图4-60所示。

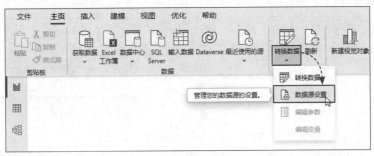

图 4-60

Step 02 打开"数据源设置"对话框，单击"更改源"按钮，如图4-61所示。

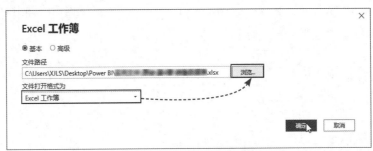

图 4-61

Step 03 在弹出的对话框中选择好文件的格式，单击"浏览"按钮，重新指定数据源，设置完成后单击"确定"按钮，如图4-62所示。

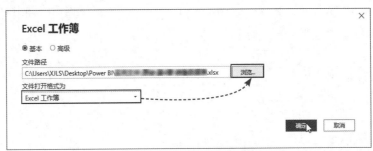

图 4-62

4.4.6 删除数据源

当不再需要使用某个表中的数据时，可以将该表删除，删除表的方法很简单，下面介绍具体操作方法。

Step 01 在"数据"窗格中右击要删除的表，在弹出的快捷菜单中选择"从模型中删除"选项，如图4-63所示。

Step 02 系统弹出"删除表"对话框，询问是否删除当前的表，单击"是"按钮将表删除，如图4-64所示。

图 4-63

图 4-64

知识点拨

一旦将表删除，将无法撤销操作，只能通过重新连接并加载，重新获得该表的数据。

4.5 使用Power Query编辑器

Power Query编辑器是Power BI Desktop的重要组成部分之一，主要用于数据源的清洗和转换等。

4.5.1 启动Power Query编辑器

启动Power Query编辑器的方法不止一种，用户可以在连接数据源时启动，也可以在数据加载成功后启动。

动手练 连接数据源时启动Power Query编辑器

连接数据源时可以直接打开Power Query编辑器，对数据进行适当的清洗和转化，再导入Power BI Desktop中。

Step 01 执行数据导入操作，当数据被加载到"导航器"窗格以后，勾选表复选框，单击"转换数据"按钮，如图4-65所示。

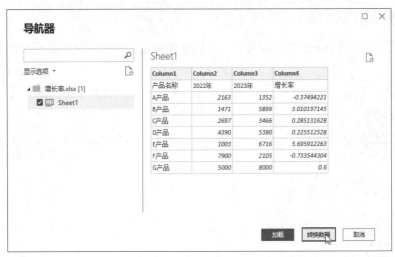

图 4-65

Step 02 系统自动打开Power Query编辑器，如图4-66所示。

图 4-66

动手练 通过功能区按钮启动Power Query编辑器

若数据已经导入Power BI Desktop，可以通过功能区中的命令按钮启动Power Query编辑器。

Step 01 在任意视图中打开"主页"选项卡，在"查询"组中单击"转换数据"按钮，如图4-67所示。

图 4-67

Step 02 系统打开Power Query编辑器，若Power BI Desktop中包含多个表，这些表全部可以在Power Query编辑器中打开，通过编辑器右侧的"查询"窗格可以看到所有表名称，单击表名称可以切换到相应的表，如图4-68所示。

图 4-68

知识点拨

　　除了上述方法之外，用户也可以在"数据"窗格中右击任意一个表名称，在弹出的快捷菜单中
选择"编辑查询"选项，打开Power Query编辑器，如图4-69所示。

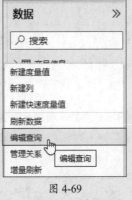

图 4-69

4.5.2　了解Power Query编辑器界面

　　Power Query编辑器主要由功能区、查询窗格、视图区、查询设置窗格以及状态栏几个主要
部分组成，如图4-70所示。

图 4-70

各组成部分的作用说明如下。

1. 功能区

功能区中包含"开始""转换""添加列""视图""工具""帮助"6个选项卡。用于添加转换、选择查询选项，以及访问不同的功能区按钮，以完成各种任务。

- **开始选项卡**：提供常见的查询任务，包括任何查询中的第一步"新建源"，即获取数据。
- **转换选项卡**：提供对常见数据转换任务的访问，如添加或删除列、更改数据类型、拆分列和其他数据驱动任务。
- **添加列选项卡**：提供与添加列、设置数据格式和添加自定义相关联的其他任务。
- **视图选项卡**：用于切换显示的窗格或窗口，还用于显示高级编辑器。
- **工具选项卡**：提供有关所选步骤查询的信息，对于了解查询在本地或远程执行的操作最有用。还可以让用户深入地了解各种其他情况。
- **帮助选项卡**：提供学习指导以及其他操作上的帮助，在Power BI团队博客上浏览有关产品的最新信息，通过Power BI相关途径进行沟通、共享文件等。

2. 查询窗格

窗口左侧的查询窗格用于显示处于活动状态的查询以及所有查询的名称。当在查询窗格中选择一个查询时，数据会显示在窗口中间的当前视图中。

3. 视图区

视图区为主工作视图，默认情况下显示查询窗格中所选表的数据预览，用户也可以启用关系图视图和数据预览视图，还可以在维护关系图视图的同时，在架构视图和数据预览视图之间切换，如图4-71所示。

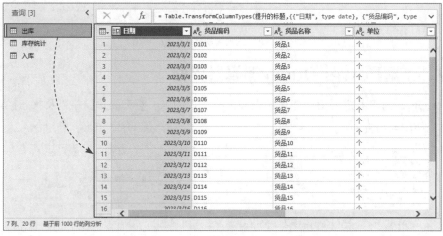

图 4-71

4. 查询设置窗格

窗口右侧的查询设置窗格中会显示当前查询的名称、在查询表中执行过的所有步骤等，如图4-72所示。

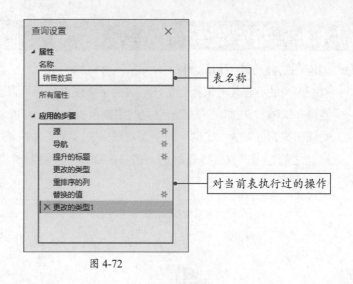

图 4-72

5. 状态栏

状态栏位于窗口最底部，显示有关查询的相关重要信息，例如执行时间、总列、行数以及处理状态等，如图4-73所示。

图 4-73

4.5.3 退出Power Query编辑器

当在Power Query编辑器中的操作结束后，可以在"主页"选项卡中单击"关闭并应用"下拉按钮，在弹出的下拉列表中包含"关闭并应用""应用"以及"关闭"3个选项，如图4-74所示。

图 4-74

用户可以根据需要选择要执行的操作，各选项的作用如下：

● **关闭并应用：** 表示关闭Power Query编辑器窗口，并应用所有挂起（等待、阻塞）的更改。

● **应用：** 表示应用所有挂起的更改（Power Query编辑器窗口不会被关闭）。

● **关闭：** 表示关闭Power Query编辑器窗口，但不应用挂起的更改。

4.6 新手答疑

1. Q: 如何调整画布的缩放比例?

A: 对画布中的可视化对象执行操作时,为了方便操作,可以通过快捷键配合鼠标,快速调整画布的缩放比例。按住Ctrl键同时滚动鼠标滚轮,即可调整画布的缩放比例。向上滚动鼠标滚轮可以放大比例,向下滚动鼠标滚轮可以缩小比例。

除此之外,用户也可以通过拖动窗口底部的"缩放"滑块快速调整画布缩放比例,如图4-75所示。

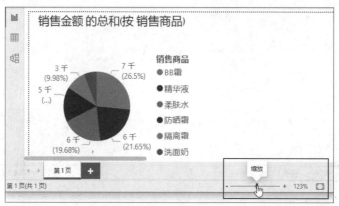

图 4-75

2. Q: 如何设置文件自动恢复的间隔时间?

A: 在没有保存的前提下若软件因意外情况被关闭,会造成用户数据的丢失,通过设置自动恢复的间隔时间,可以尽量减少损失。

执行"文件"|"选项和设置"|"选项"命令,如图4-76所示。弹出"选项"对话框,在"自动恢复"界面即可设置"存储'自动恢复'信息的时间间隔",默认的时间间隔为10分钟,用户可以根据需要设置该时间,例如设置为5分钟,如图4-77所示。

图 4-76

图 4-77

第5章

在 Power BI 中
清洗数据源

　　将数据加载到Power BI Desktop之后，还需要对数据进行一系列的处理、转换等操作，使数据的内容和格式更符合使用要求。本章将对数据行列的调整、标题的设置、数据类型的转换、字符的替换、字符的提取、数据的合并或拆分、排序和筛选数据等进行详细介绍。

5.1 数据的导入与合并

除了在Power BI Desktop窗口中导入数据，用户也可以通过Power Query编辑器导入数据，并在该编辑器中追加与合并数据。

5.1.1 使用Power Query编辑器导入数据

启动Power BI Desktop，在"主页"选项卡的"查询"组中单击"转换数据"下拉按钮，在下拉列表中选择"转换数据"选项，如图5-1所示。

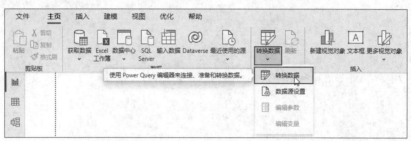

图 5-1

随即打开Power Query编辑器，在"主页"选项卡的"新建查询"组中可以看到"新建源"和"输入数据"按钮，通过这两个按钮，即可向编辑器中导入其他文件中的数据或手动输入数据，如图5-2所示。

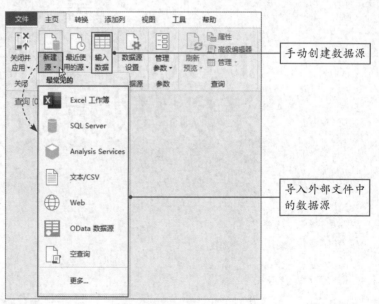

图 5-2

5.1.2 横向合并数据

"合并查询"功能可以以多张表中的某个相同字段为基础，将与该字段相关的其他字段合并到同一张表中，即横向合并数据。

动手练 将数据合并到新表 ─────────────────────●

本例将从Excel工作簿中导入"期初库存"和"现库存量"两张工作表中的数据，并对导入的数据进行横向合并。两张表中包含一个相同的字段，即"库存编号"，如图5-3所示。Power Query将基于该字段使用"合并查询"功能合并两表数据。

图 5-3

Step 01 启动Power BI Desktop，在画布中单击"从Excel导入数据"按钮，如图5-4所示。

图 5-4

Step 02 弹出"打开"对话框，选择要导入其中数据的Excel工作簿，单击"打开"按钮，如图5-5所示。

Step 03 打开"导航器"对话框，在对话框左侧勾选"期初库存"和"现库存量"复选框，然后单击"转换数据"按钮，如图5-6所示。

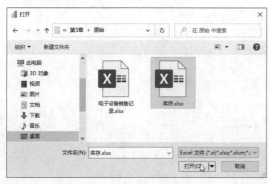

图 5-5

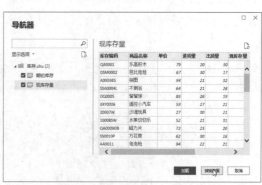

图 5-6

Step 04 系统随即自动打开"Power Query编辑器",此时工作簿中的两张表已经全部被加载到了编辑器中,在窗口左侧的"查询"窗格中可以看到两个表名称。打开"主页"选项卡,在"组合"组中单击"合并查询"下拉按钮,在下拉列表中选择"将查询合并为新查询"选项,如图5-7所示。

图 5-7

Step 05 弹出"合并"对话框,上方默认显示在编辑器中打开的查询(表),单击下方的下拉按钮,选择另外一个表,此处选择"期初库存",如图5-8所示。

Step 06 使用单击的方法分别将两个表中的"库存编码"字段(关联字段)选中,随后单击"确定"按钮,如图5-9所示。

图 5-8

图 5-9

Step 07 Power Query编辑器中随即创建一个新的查询"合并1",此时"期初库存"表中的数据显示在最后侧列中,每个单元格中均显示Table,如图5-10所示。

图 5-10

Step 08 单击任意一个Table，视图区中随即显示"期初库存"表中对应位置的数据，如图5-11所示。

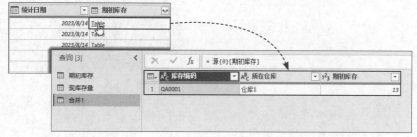

图 5-11

Step 09 若单击"期初库存"列标题右侧的 按钮，在展开的列表中勾选要显示的字段（默认所有字段均被勾选），单击"确定"按钮，如图5-12所示。选中的字段随即被展开，如图5-13所示。

图 5-12

图 5-13

动手练 保存数据

数据合并完成后，可以关闭Power Query编辑器，退出数据源的编辑模式，另外还需要对新建的Power BI Desktop文件进行保存。

Step 01 在Power Query编辑器窗口中的"主页"选项卡中单击"关闭并应用"按钮关闭编辑器，如图5-14所示。

Step 02 返回Power BI Desktop窗口，单击"保存"按钮，如图5-15所示。

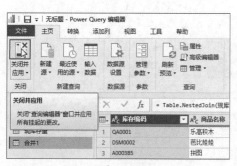

图 5-14

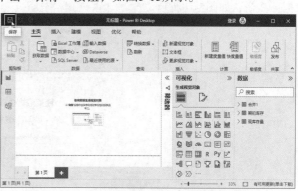

图 5-15

Step 03 新建的Power BI Desktop文件在初次保存时会弹出"另存为"对话框，选择文件的保存位置，输入文件名，单击"保存"按钮即可保存文件，如图5-16所示。

图 5-16

知识点拨

用户也可直接在Power Query编辑器中单击"保存"按钮，保存所有挂起的操作，并为新建的Power BI Desktop文件指定保存位置及文件名称，如图5-17所示。

图 5-17

动手练 将数据合并到当前表

若要将指定的表合并到当前表中，而不是生成新表，可以直接使用"合并查询"按钮。本例Power BI Desktop文件中包含"第一单元测试"和"第二单元测试"两个表，要求将"第二单元测试"合并到"第一单元测试"中。具体操作方法如下。

Step 01 打开Power BI Desktop文件素材，在"主页"选项卡的"查询"组中单击"转换数据"按钮，如图5-18所示。

图 5-18

Step 02 打开Power Query编辑器，在"查询"窗格中单击"第一单元测试"表，将该表打开。随后在"主页"选项卡的"组合"组中单击"合并查询"按钮，如图5-19所示。

图 5-19

Step 03 弹出"合并"对话框。单击下拉按钮，选择"第二单元测试"选项，如图5-20所示。

Step 04 分别选中两个表中的"学号"字段，单击"确定"按钮，如图5-21所示。

图 5-20

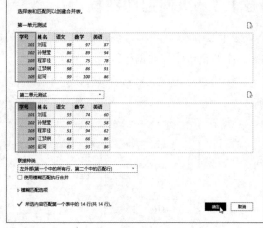

图 5-21

Step 05 返回Power Query编辑器，此时在"第一单元测试"表的最右侧显示"第二单元测试"字段，至此完成合并，如图5-22所示。

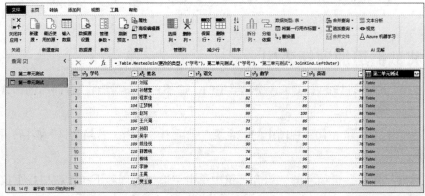

图 5-22

数据被合并后，展开的字段会在Power BI Desktop"数据"窗格中相应的表中显示（没有展开的字段则不显示），方便在同一个视觉对象中分析不同表中的数据，如图5-23所示。

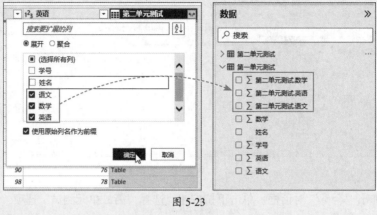

图 5-23

5.1.3 纵向追加数据

纵向追加数据表示将多张表中相同字段的数据合并到一起，是对数据的纵向合并，类似于Excel中的整行添加数据记录。

本例Power BI Desktop中包含多张不同商品的销售数据表。每张表的结构完全相同，如图5-24所示。

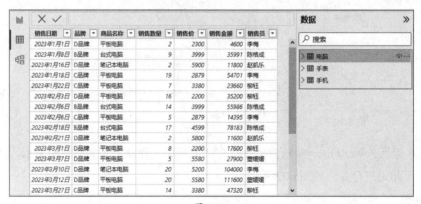

图 5-24

动手练 将数据追加到新表中

下面通过Power Query编辑器中的"追加查询"功能将3种商品的销售数据合并到一张新表中。

Step 01 在任意视图中的"主页"选项卡中单击"转换数据"按钮，打开Power Query编辑器。

Step 02 在"主页"选项卡的"组合"组中单击"追加查询"下拉按钮，在下拉列表中选择"将查询追加为新查询"选项，如图5-25所示。

图 5-25

Step 03 打开"追加"选项卡，选中"三个或更多表"单选按钮，依次将"可用表"中的表添加到"要追加的表"中，最后单击"确定"按钮，如图5-26所示。

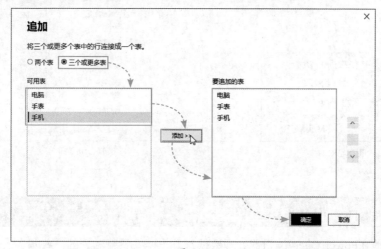

图 5-26

Step 04 所有表中的数据随即被合并到一个新的表中，该表名称默认为"追加1"，如图5-27所示。

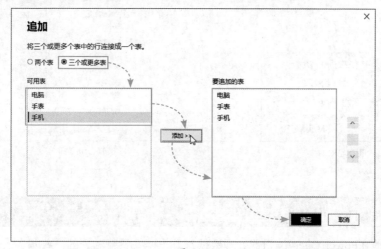

图 5-27

5.1.4　将数据追加到当前表

若要将数据追加到指定的表中，则可以在Power Query编辑器中打开该指定的表，随后单击"追加查询"按钮，如图5-28所示。后续操作与"将查询追加为新查询"基本相同。

除此之外，单击视图区左上角的 ▦ 按钮，通过下拉列表中提供的"合并查询"或"追加查询"选项，向当前表中合并或追加数据，如图5-29所示。

图 5-28

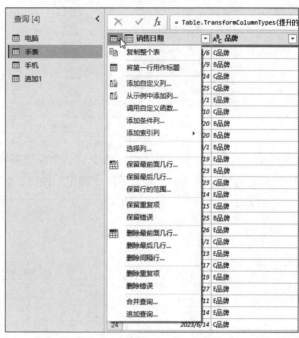

图 5-29

5.2　行和列的基本操作

为了熟练地在Power Query编辑器处理数据，首先要熟悉行和列的一些基本操作，包括对行和列的选择、移动、复制、删除等。用户可以通过"主页"选项卡的"管理列"和"减少行"两个组中提供的命令按钮执行上述操作，如图5-30所示。

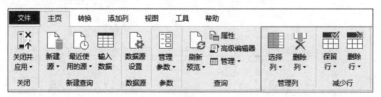

图 5-30

5.2.1　选择指定的列

用户可使用"选择列"功能快速选择指定的一列或者多列，或直接通过单击快速选择需要的行或列。下面介绍具体操作方法。

动手练 **快速选列**

使用单击的方法可以快速选择一列或多列，这种选择列的方法与Excel基本相同。

Step 01 将光标移动到列标题位置，单击即可快速选中该列，如图5-31所示。

	销售日期 ▼	A^B_C 商品名称 ▼	A^B_C 品牌 ▼	1²₃ 销售数量 ▼
1	2023/1/1	平板电脑	联想	1
2	2023/1/6	智能音箱	华为	1
3	2023/1/8	智能学习机	步步高	1
4	2023/1/9	儿童电话手表	步步高	1
5	2023/1/14	智能手表	华为	1
6	2023/1/14	折叠屏手机	华为	1
7	2023/1/15	智能手机	华为	1
8	2023/1/16	翻译笔	联想	1
9	2023/1/17	折叠屏手机	华为	1
10	2023/1/18	平板电脑	华为	2
11	2023/1/22	平板电脑	华为	3

（单击）

图 5-31

Step 02 如要同时选中多列，可按住Ctrl键，依次单击要选中的多个列，即可将这些列全部选中，如图5-32所示。

	销售日期 ▼	A^B_C 商品名称 ▼	A^B_C 品牌 ▼	1²₃ 销售数量 ▼
1	2023/1/1	平板电脑	联想	1
2	2023/1/6	智能音箱	华为	1
3	2023/1/8	智能学习机	步步高	1
4	2023/1/9	儿童电话手表	步步高	1
5	2023/1/14	智能手表	华为	1
6	2023/1/14	折叠屏手机	华为	1
7	2023/1/15	智能手机	华为	1
8	2023/1/16	翻译笔	联想	1
9	2023/1/17	折叠屏手机	华为	1
10	2023/1/18	平板电脑	华为	2
11	2023/1/22	平板电脑	华为	3
12	2023/1/24	智能手机	华为	1

（按住Ctrl键依次单击）

图 5-32

知识点拨

若在行号上单击，则可选中该行号对应的行，当选中一行后，表下方会显示所选行中每个字段的详细内容，如图5-33所示。在Power Query编辑器中一次只能选择一行。

	销售日期 ▼	A^B_C 商品名称 ▼	A^B_C 品牌 ▼	1²₃ 销售数量 ▼	1²₃ 销售价 ▼
1	2023/1/1	平板电脑	联想	1	2300
2	2023/1/6	智能音箱	华为	1	860
3	2023/1/8	智能学习机	步步高	1	3999
4	2023/1/9	儿童电话手表	步步高	1	599
5	2023/1/14	智能手表	华为	1	2220
6	2023/1/14	折叠屏手机	华为	1	8198
7	2023/1/15	智能手机	华为	1	3200
8	2023/1/16	翻译笔	联想	1	599
9					

销售日期	2023/1/9
商品名称	儿童电话手表
品牌	步步高
销售数量	1
销售价	599

图 5-33

动手练 隐藏暂时不使用的列

使用功能区中的"选择列"命令，可以只让指定的列显示，而将暂时不使用的列隐藏起来。

Step 01 在"主页"选项卡中单击"选择列"下拉按钮，下拉列表中包含"选择列"和"转到列"两个选项，此处选择"选择列"选项，如图5-34所示。

图 5-34

Step 02 弹出"选择列"对话框，对话框中的所有字段左侧均提供复选框，默认状态下所有字段全部被选中，此时可以取消勾选"选择所有列"复选框，随后勾选要显示的列，最后单击"确定"按钮，如图5-35所示。

Step 03 视图区中随即将未选中的列隐藏，只显示被勾选的列，如图5-36所示。若要让隐藏的列重新显示，需要再次打开"选择列"对话框，勾选列相应复选框后，单击"确定"按钮。

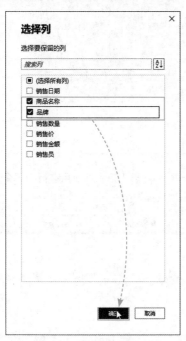

图 5-35

图 5-36

知识点拨

若在"选择列"下拉列表中选择"转到列"选项，则会弹出"转到列"对话框，在该对话框中每次只能选择一列，单击"确定"按钮，如图5-37所示。查询中的对应列即可被选中，其他列可以正常显示，不会被隐藏，如图5-38所示。

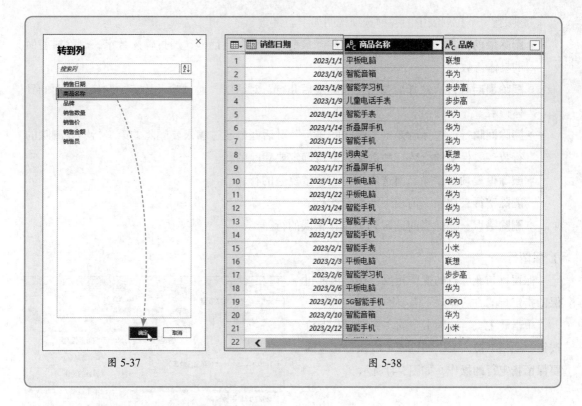

| 图 5-37 | 图 5-38 |

5.2.2 删除不需要的行和列

加载数据后，若数据源中包含一些无意义的数据或多余的内容，可以将包含这些数据的行或列删除。

1. 删除列

在"主页"选项卡中单击"删除列"下拉按钮，下拉列表中包含"删除列"和"删除其他列"两个选项，如图5-39所示。选择"删除列"选项，可以将选中的列删除，若选择"删除其他列"选项，则可以将除了所选列之外的所有列删除。

2. 删除行

在"主页"选项卡中单击"删除行"下拉按钮，下拉列表中包含的选项如图5-40所示。用户可以根据需要选择要执行的操作。

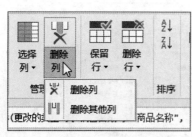

图 5-39

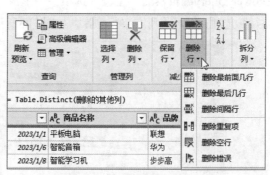

图 5-40

127

"删除行"下拉列表中的各种选项说明如下。

- **删除最前面几行**：选择后弹出"删除最前面几行"对话框，通过输入数字，删除最前面的具体行数。
- **删除最后几行**：选择后弹出"删除最后几行"对话框，通过输入数字，删除最后面的具体行数。
- **删除间隔行**：选择后弹出"删除间隔行"对话框，通过输入要删除的第一行、要删除的行数、要保留的行数三项数值，即可确定要删除的行。
- **删除重复项**：删除当前选定列中包含重复值的行。
- **删除空行**：删除当前表中的所有空行。
- **删除错误**：删除当前选定列中包含错误的行。

3. 保留行

保留行与删除行的操作相反，用户可通过保留指定行的方法删除不需要的行。

单击"主页"选项卡中的"保留行"下拉按钮，通过下拉列表中的选项可以执行相应的要保留指定行的操作，如图5-41所示。

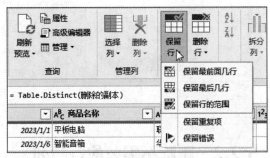

图 5-41

动手练 删除空行

如图5-42所示，当数据源中包含无效的空行时，为了避免影响数据分析，需要将其删除。

	A^B_C 商品名称	1²₃ 1月	1²₃ 2月	1²₃ 3月
10	商品10	1155	2024	1359
11	商品11	1748	1338	2554
12	商品12	967	2575	1993
13	商品13	1596	1938	351
14	商品14	2176	1952	119
15		null	null	null

图 5-42

在Power Query编辑器的"主页"选项卡中单击"删除行"下拉按钮，在下拉列表中选择"删除空行"选项，即可将所有空行删除，如图5-43所示。

图 5-43

Excel与Power BI数据分析及可视化标准教程（实战微课版）

5.2.3 移动或复制列

在数据源的整理过程中，“移动”和“复制”列是十分常见的操作。其操作方法也非常简单。

动手练 快速调整列位置

使用鼠标拖曳的方法，可以将指定的列快速移动到目标位置。下面介绍具体操作方法。

Step 01 单击列标题，选中要调整位置的列，按住鼠标左键向目标位置拖动，当表位置出现黑色粗实线时松开鼠标，如图5-44所示。

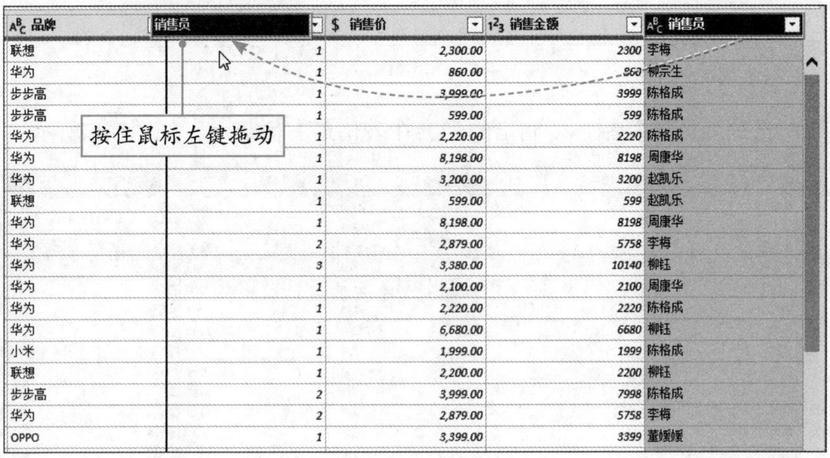

品牌	销售员	销售价	销售金额	销售员
联想	1	2,300.00	2300	李梅
华为	1	860.00	860	柳宗生
步步高	1	3,999.00	3999	陈格成
步步高	1	599.00	599	陈格成
华为	1	2,220.00	2220	陈格成
华为	1	8,198.00	8198	周康华
华为	1	3,200.00	3200	赵凯乐
联想	1	599.00	599	赵凯乐
华为	1	8,198.00	8198	周康华
华为	2	2,879.00	5758	李梅
华为	3	3,380.00	10140	柳钰
华为	1	2,100.00	2100	周康华
华为	1	2,220.00	2220	陈格成
华为	1	6,680.00	6680	柳钰
小米	1	1,999.00	1999	陈格成
联想	1	2,200.00	2200	柳钰
步步高	2	3,999.00	7998	陈格成
华为	2	2,879.00	5758	李梅
OPPO	1	3,399.00	3399	董媛媛

图 5-44

Step 02 所选列即可被移动到目标位置，如图5-45所示。

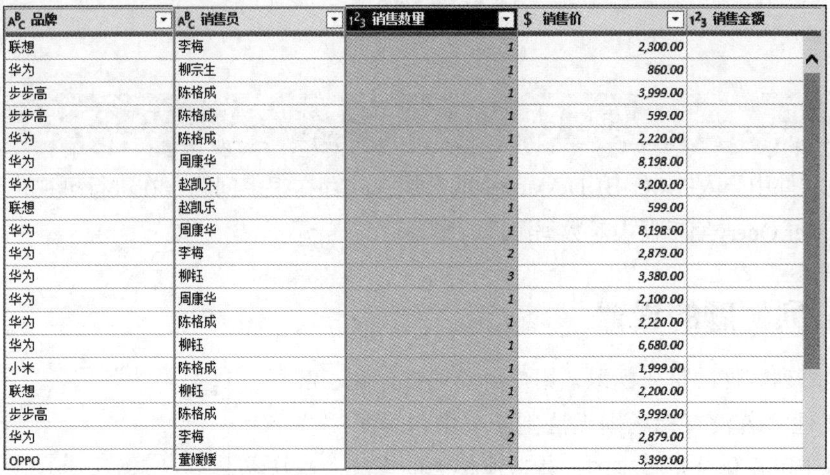

品牌	销售员	销售数量	销售价	销售金额
联想	李梅	1	2,300.00	
华为	柳宗生	1	860.00	
步步高	陈格成	1	3,999.00	
步步高	陈格成	1	599.00	
华为	陈格成	1	2,220.00	
华为	周康华	1	8,198.00	
华为	赵凯乐	1	3,200.00	
联想	赵凯乐	1	599.00	
华为	周康华	1	8,198.00	
华为	李梅	2	2,879.00	
华为	柳钰	3	3,380.00	
华为	周康华	1	2,100.00	
华为	陈格成	1	2,220.00	
华为	柳钰	1	6,680.00	
小米	陈格成	1	1,999.00	
联想	柳钰	1	2,200.00	
步步高	陈格成	2	3,999.00	
华为	李梅	2	2,879.00	
OPPO	董媛媛	1	3,399.00	

图 5-45

动手练 复制指定的列

若要对某列数据进行设置，但是不想破坏原数据，可以选择复制列。具体操作方法如下。

Step 01 选中需要复制的列，切换到“添加列”选项卡，在“常规”组中单击“复制列”按钮，如图5-46所示。

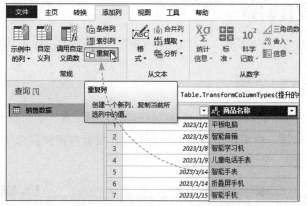

图 5-46

Step 02 所选列随即被复制，复制出的列会在表格最右侧显示，如图5-47所示。

商品名称	品牌	销售数量	销售价	销售金额	销售员	商品名称-复制
平板电脑	联想	1	2300	2300	李梅	平板电脑
智能音箱	华为	1	860	860	柳宗生	智能音箱
智能学习机	步步高	1	3999	3999	陈格成	智能学习机
儿童电话手表	步步高	1	599	599	陈格成	儿童电话手表
智能手表	华为	1	2220	2220	陈格成	智能手表
折叠屏手机	华为	1	8198	8198	周康华	折叠屏手机
智能手机	华为	1	3200	3200	赵凯乐	智能手机
翻译笔	联想	1	599	599	赵凯乐	翻译笔
折叠屏手机	华为	1	8198	8198	周康华	折叠屏手机
平板电脑	华为	2	2879	5758	李梅	平板电脑
平板电脑	华为	3	3380	10140	柳钰	平板电脑
智能手机	华为	1	2100	2100	周康华	智能手机
智能手表	华为	1	2220	2220	陈格成	智能手表
智能手机	华为	1	6680	6680	柳钰	智能手机
智能手表	小米	1	1999	1999	陈格成	智能手表
平板电脑	联想	1	2200	2200	柳钰	平板电脑
智能学习机	步步高	2	3999	7998	陈格成	智能学习机

图 5-47

5.3 数据的整理

从其他文件中导入Power BI Desktop中的数据往往存在很多问题，在进行可视化分析之前，还需要在Power Query编辑器中对数据源进行整理。

5.3.1 列标题的设置

标题是每列数据的重要标识，用户需要通过标题了解每列数据的属性。若没有标题则无法判断表中包含了哪些字段，从而对于可视化分析报表的创建造成很大的影响。当从外部文件导入数据时，若Power BI Desktop无法识别数据源的标题，则会自动为数据源添加标题，默认的标题为Column1、Column2、Column3……，如图5-48所示。自动生成的标题往往不能明确地标识每列的属性，此时便需要重新设置标题。

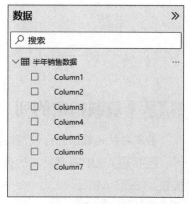

图 5-48

动手练 **将第一行设置为标题**

Power BI Desktop在导入数据时可能会将标题识别为普通的数据，这时候标题便会在第一行中显示，如图5-49所示。此时用户可以将第一行重新转换为标题。

	A^B_C Column1	A^B_C Column2	A^B_C Column3	A^B_C Column4	A^B_C Column5
1	商品名称	1月	2月	3月	4月
2	商品1	302	2883	2555	2333
3	商品2	1003	366	2223	1169
4	商品3	631	1724	2593	1415
5	商品4	1337	721	2541	2297
6	商品5	2356	2667	1002	1000
7	商品6	227	1941	2460	1509
8	商品7	154	524	2874	601
9	商品8	2226	1346	1857	579

图 5-49

Step 01 启动Power Query编辑器，在"主页"选项卡的"转换"组中单击"将第一行用作标题"按钮，如图5-50所示。

图 5-50

Step 02 表格第一行的数据随即被转换为标题，效果如图5-51所示。

	商品名称	1月	2月	3月	4月	5月	6月
1	商品1	302	2883	2555	2333	1282	2592
2	商品2	1003	366	2223	1169	2763	2358
3	商品3	631	1724	2593	1415	130	1958
4	商品4	1337	721	2541	2297	519	1969
5	商品5	2356	2667	1002	1000	1251	507
6	商品6	227	1941	2460	1509	962	704
7	商品7	154	524	2874	601	864	569
8	商品8	2226	1346	1857	579	2924	593
9	商品9	309	2441	293	565	1593	260
10	商品10	1155	2024	1359	1442	1757	418
11	商品11	1748	1338	2554	857	640	547
12	商品12	967	2575	1993	2846	1544	2831
13	商品13	1596	1938	351	116	2144	2424
14	商品14	2176	1952	119	493	2227	2840

图 5-51

知识点拨

Power Query编辑器中，表的第一行和标题可以实现自由转换，在"主页"选项卡中单击"将第一行用作标题"下拉按钮，在弹出的下拉列表中选择"将标题作为第一行"，还可以将现有的标题转换为表的第一行数据，如图5-52所示。

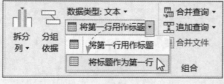

图 5-52

动手练 重命名标题

若数据源的第一行不是标题，或原本的标题不能有效地描述每列数据，用户也可以手动输入或修改标题。下面介绍具体操作方法。

Step 01 启动Power Query编辑器，双击需要修改的标题，标题随即变为可编辑状态。手动输入新的标题名称，输入完成后按Enter键，或在除了功能区以外的任意位置单击，即可确认标题的更改，如图5-53所示。

图 5-53

Step 02 随后参照上述步骤，继续修改表中其他列的标题即可，效果如图5-54所示。

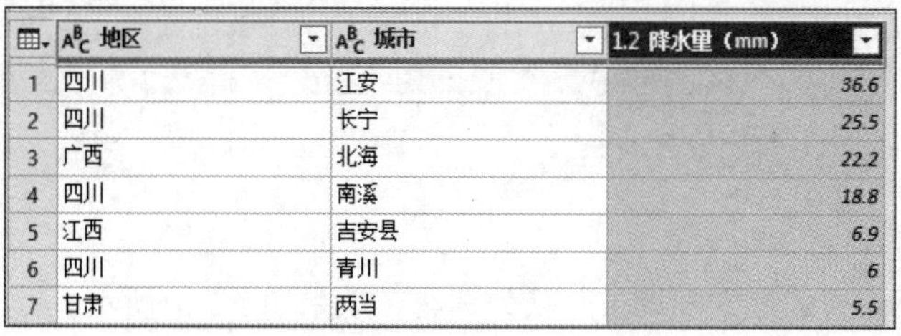

ABC 地区	ABC 城市	1.2 降水量（mm）
四川	江安	36.6
四川	长宁	25.5
广西	北海	22.2
四川	南溪	18.8
江西	吉安县	6.9
四川	青川	6
甘肃	两当	5.5

图 5-54

知识点拨

除了双击标题，也可右击标题，在弹出的快捷菜单中选择"重命名"选项，或使标题进入可编辑状态，继而对标题名称进行修改，如图5-55所示。

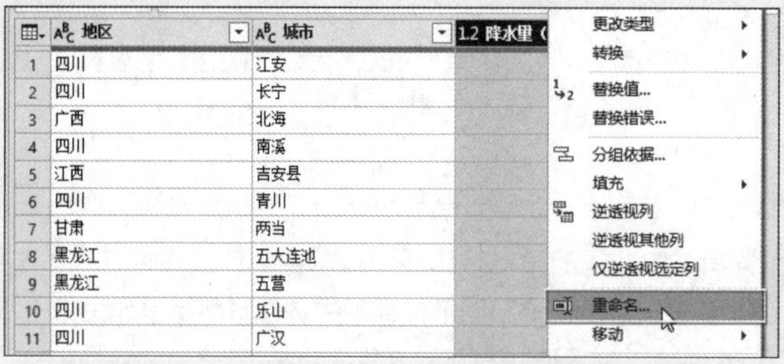

图 5-55

5.3.2 添加索引列

"索引"表示系统自动生成的一列自增长数值，方便用户快速了解具体的数据在第几行，类似于Excel中的序号。

动手练 添加从1开始的索引

Power BI Desktop创建的索引值默认从"0"或者"1"开始，下面以添加从1开始的索引为例介绍具体操作方法。

Step 01 在Power Query编辑器中打开"添加列"选项卡，在"常规"组中单击"索引列"下拉按钮，在下拉列表中选择"从1"选项，如图5-56所示。

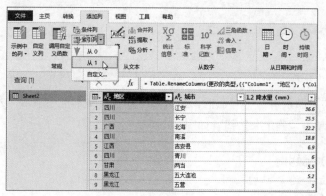

图 5-56

Step 02 当前表的最右侧随即被添加从数字1开始的索引列，如图5-57所示。

	A^BC 地区	A^BC 城市	1.2 降水量（mm）	1²3 索引
1	四川	江安	36.6	1
2	四川	长宁	25.5	2
3	广西	北海	22.2	3
4	四川	南溪	18.8	4
5	江西	吉安县	6.9	5
6	四川	青川	6	6
7	甘肃	两当	5.5	7
8	黑龙江	五大连池	5.2	8
9	黑龙江	五营	3	9
10	四川	乐山	3	10
11	四川	广汉	2.5	11
12	甘肃	庆城	2.3	12
13	青海	囊谦	2.2	13
14	西藏	尼木	2.1	14
15	西藏	江孜	2	15
16	新疆	塔什库尔干	2	16
17	四川	巴塘	2	17

图 5-57

Step 03 单击索引列标题将该列选中，随后按住鼠标左键进行拖动，可以将其移动到需要的位置（索引列通常在表的最左侧显示），如图5-58所示。

	1²3 索引	A^BC 地区	A^BC 城市	1.2 降水量（mm）
1	1	四川	江安	36.6
2	2	四川	长宁	25.5
3	3	广西	北海	22.2
4	4	四川	南溪	18.8
5	5	江西	吉安县	6.9
6	6	四川	青川	6
7	7	甘肃	两当	5.5
8	8	黑龙江	五大连池	5.2
9	9	黑龙江	五营	3
10	10	四川	乐山	3
11	11	四川	广汉	2.5

图 5-58

动手练 自定义索引

用户也可以自定义索引的起始值和增量，下面介绍具体操作方法。

Step 01 在Power Query编辑器中打开"添加列"选项卡，在"常规"组中单击"索引列"下拉按钮，在下拉列表中选择"自定义"选项，如图5-59所示。

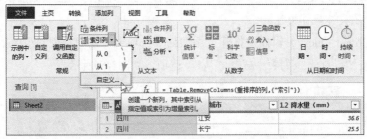

图 5-59

Step 02 弹出"添加索引列"对话框，在"起始索引"文本框中输入"20"，在"增量"文本框中输入"5"，单击"确定"按钮，如图5-60所示。

添加索引列

以指定的起始索引和增量添加索引列。

起始索引
20
增量
5

确定　　取消

图 5-60

Step 03 表的最后随即被添加从数字"20"开始，增量为"5"的索引列，如图5-61所示。

	A^B_C 地区	A^B_C 城市	1.2 降水量（mm）	1²₃ 索引
1	四川	江安	36.6	20
2	四川	长宁	25.5	25
3	广西	北海	22.2	30
4	四川	南溪	18.8	35
5	江西	吉安县	6.9	40
6	四川	青川	6	45
7	甘肃	两当	5.5	50
8	黑龙江	五大连池	5.2	55
9	黑龙江	五营	3	60
10	四川	乐山	3	65
11	四川	广汉	2.5	70
12	甘肃	庆城	2.3	75
13	青海	襄谦	2.2	80
14	西藏	尼木	2.1	85
15	西藏	江孜	2	90
16	新疆	塔什库尔干	2	95
17	四川	巴塘	2	100

图 5-61

5.3.3　更改指定字段的数据类型

Power BI Desktop支持对数据类型的修改。可用的数据类型包括小数、定点小数、整数、百分比、日期、时间、日期/时间、文本、二进制等。下面以转换"日期"格式为例进行介绍。

Step 01 在Power Query编辑器中选择"发布时间"列中的任意一个单元格（该列中的日期现在是以数字代码的形式显示），在"主页"选项卡中单击"数据类型：任意"下拉按钮，在下拉列表中选择"日期"选项，如图5-62所示。

Excel与Power BI数据分析及可视化标准教程（实战微课版）

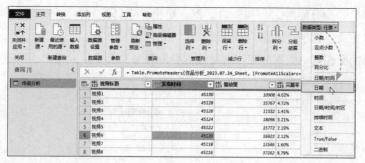

图 5-62

Step 02 所选字段中的数据类型被转换为日期格式，如图5-63所示。

	视频标题	发布时间	播放量	完播率	平均播放时长(S)
1	视频1	2023/7/23	10908	4.02%	3.73
2	视频2	2023/7/21	35767	4.72%	8.78
3	视频3	2023/7/19	11532	1.41%	5.03
4	视频4	2023/7/17	18096	3.21%	7.07
5	视频5	2023/7/15	15772	2.19%	5.86
6	视频6	2023/7/13	16923	2.12%	6.52
7	视频7	2023/7/11	13546	1.60%	5.56
8	视频8	2023/7/9	37262	8.79%	5.35
9	视频9	2023/7/7	25499	3.15%	8.95
10	视频10	2023/7/5	16491	1.99%	5.27
11	视频11	2023/7/3	19554	3.88%	6.65
12	视频12	2023/7/1	22624	1.67%	7.16
13	视频13	2023/6/29	26385	5.34%	8.27
14	视频14	2023/6/27	62789	9.45%	9.13

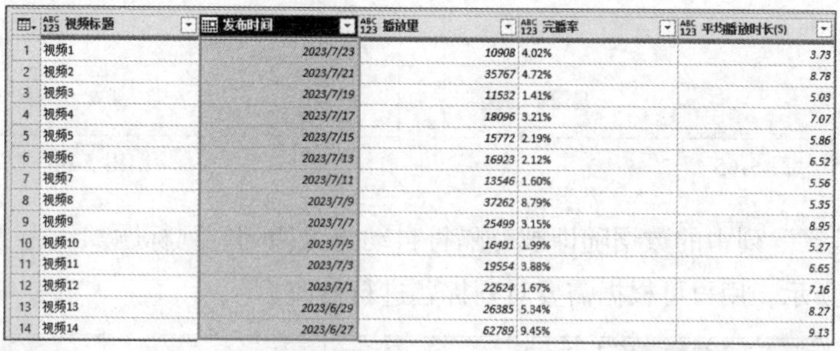

图 5-63

5.3.4 数据的拆分与合并

数据导入Power BI Desktop中之后，还可以根据需要对指定列中的内容进行拆分或合并，Power Query编辑器提供“拆分列”与“合并列”命令按钮，用户可以通过这两个命令按钮轻松完成数据的拆分与合并。

动手练 将一列数据拆分为多列

当一列中包含多种属性的信息时，可以对数据进行拆分，让数据源更符合数据分析要求，为后续的可视化数据分析提供保障。在Power Query编辑器中，可以根据分隔符、字符数、数据的类型等特点拆分数据。

Step 01 在Power Query编辑器中选中“地区”列中的任意一个单元格，在“主页”选项卡的“转换”组中单击“拆分列”下拉按钮，在下拉列表中选择“按分隔符”选项，如图5-64所示。

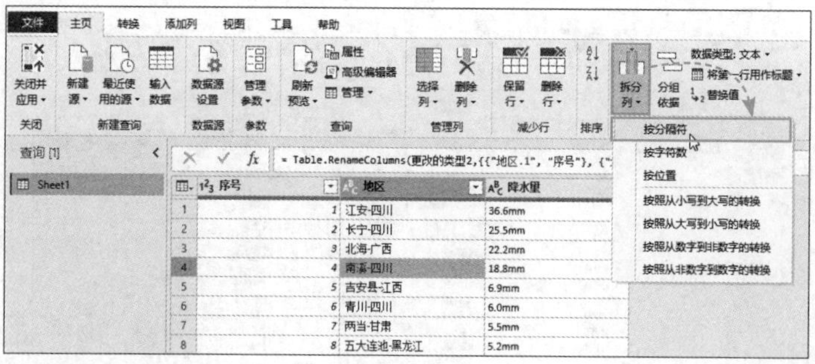

图 5-64

Step 02 弹出"按分隔符拆分列"对话框，单击"选择或输入分隔符"下拉按钮，在下拉列表中选择"自定义"选项，如图5-65所示。

Step 03 根据所选列中数据的实际情况输入分隔符号，此处输入"-"，单击"确定"按钮，如图5-66所示。

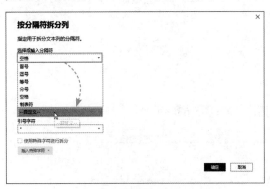

图 5-65

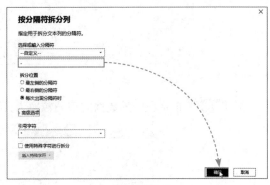

图 5-66

Step 04 "地区"列中的数据随即被分隔符自动分为两列，列标题默认为"地区.1"和"地区.2"，如图5-67所示。用户可根据需要对列标题进行修改。

序号	地区.1	地区.2	降水里
1	江安	四川	36.6mm
2	长宁	四川	25.5mm
3	北海	广西	22.2mm
4	南溪	四川	18.8mm
5	吉安县	江西	6.9mm
6	菁川	四川	6.0mm
7	两当	甘肃	5.5mm
8	五大连池	黑龙江	5.2mm
9	五营	黑龙江	3.0mm
10	乐山	四川	3.0mm
11	广汉	四川	2.5mm

图 5-67

动手练 将多列数据合并成一列

若数据源中多列数据为同一属性，也可以使用"合并列"功能将多列数据合并成一列。下面介绍具体操作方法。

Step 01 在Power Query编辑器中，按住Ctrl键依次单击要合并的多个列的列标题，将这些列同时选中。此处选择"地址"和"门牌号"两列，打开"转换"选项卡，在"文本列"组中单击"合并列"按钮，如图5-68所示。

图 5-68

Step 02 弹出"合并列"对话框，在"新列名（可选）"文本框中输入新列的名称，此处输入"居住地址"，单击"确定"按钮，如图5-69所示。

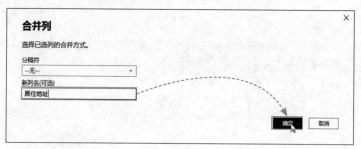

图 5-69

Step 03 选中的两列数据随即被合并为一列，列标题为"居住地址"，如图5-70所示。

	1²₃ 序号	Aᴮ꜀ 姓名	Aᴮ꜀ 所属单位	Aᴮ꜀ 联系电话	Aᴮ꜀ 居住地址
1	1	孙文	星都娱乐城有限公司	158****6987	幸福路108号
2	2	周晓楠	大华汽车租赁有限公司	150****5987	荣盛花语城109号
3	3	李威	华润集团有限公司	155****8455	公园里110号
4	4	刘利平	大华汽车租赁有限公司	150****5987	景泰111号
5	5	王世龙	华润集团有限公司	155****8455	宏盛112号
6	2	孙健	大华汽车租赁有限公司	150****5987	阿勒斯特113号
7	3	赵亮	华润集团有限公司	155****8455	民康小区114号
8	2	倪虹将	大华汽车租赁有限公司	150****5987	和平一号115号
9	3	范玉梅	华润集团有限公司	155****8455	美的城116号
10	2	赵丽	大华汽车租赁有限公司	150****5987	康馨苑117号
11	3	王平平	华润集团有限公司	155****8455	明珠世纪城118号
12	2	赵思思	大华汽车租赁有限公司	150****5987	惠丰园119号
13	3	盛长波	华润集团有限公司	155****8455	城建小区120号

图 5-70

5.3.5 批量替换数据

使用"替换值"功能可以对指定的数据进行批量修改。Power BI Desktop中的"替换值"与Excel中的"替换"，从功能到操作方法基本相同。

动手练 批量删除单位

下面使用"替换值"功能把表中"降水量"列中的单位mm批量删除。

Step 01 打开Power Query编辑器，选中"降水量"列中的任意一个单元格，切换到"转换"选项卡，在"任意列"组中单击"替换值"按钮，在弹出的菜单中选择"替换值"选项，如图5-71所示。

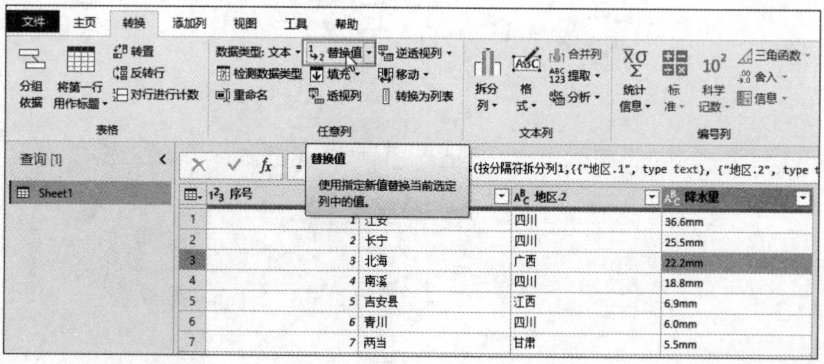

图 5-71

Step 02 弹出"替换值"对话框，在"要查找的值"文本框中输入mm，在"替换为"文本框中保持空白，单击"确定"按钮，如图5-72所示。

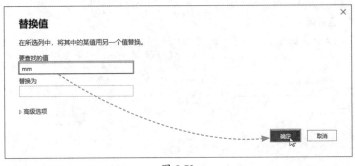

图 5-72

Step 03 "降水量"列中的所有单位mm随即全部被删除，如图5-73所示。

🏷	1²₃ 序号 ▼	A^BC 地区.1 ▼	A^BC 地区.2 ▼	A^BC 降水量 ▼
1	1	江安	四川	36.6
2	2	长宁	四川	25.5
3	3	北海	广西	22.2
4	4	南溪	四川	18.8
5	5	吉安县	江西	6.9
6	6	青川	四川	6.0
7	7	两当	甘肃	5.5
8	8	五大连池	黑龙江	5.2
9	9	五营	黑龙江	3.0
10	10	乐山	四川	3.0
11	11	广汉	四川	2.5

图 5-73

动手练 精确匹配替换

用户在使用Power BI Desktop替换数据时，如果没有掌握操作要领，可能无法实现想要的替换效果。例如，想将"销售商品"为"气垫"的单元格全部替换为"气垫bb霜"，但是在执行"替换值"操作后，只要是"气垫"两个字全部都被替换为了"气垫bb霜"，如图5-74所示。

图 5-74

此时需要在执行"替换值"操作时启用"单元格匹配",下面介绍具体操作方法。

Step 01 在Power Query编辑器中选择"销售商品"列内的任意一个单元格,打开"转换"选项卡,在"任意列"组中单击"替换值"按钮。

Step 02 打开"替换值"对话框,输入要查找的值为"气垫",替换为文本框中输入"气垫bb霜",随后单击"高级选项",勾选"单元格匹配"复选框,最后单击"确定"按钮,如图5-75所示。

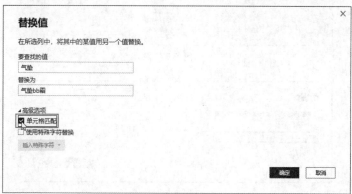

图 5-75

Step 03 此时"销售商品"列中只有包含"气垫"两个字的单元格被替换为"气垫bb霜",如图5-76所示。

图 5-76

5.3.6 为一列数据添加前缀或后缀

当需要为指定列中的内容批量添加统一的前缀或后缀内容时,可以使用"格式"功能的"添加前缀"和"添加后缀"命令来完成。下面为"库存编码"添加"DS-"前缀。

Step 01 选中"库存编码"列中的任意一个单元格,打开"转换"选项卡,单击"格式"下拉按钮,在下拉列表中选择"添加前缀"选项,如图5-77所示。

Step 02 弹出"前缀"对话框,在"值"文本框中输入"DS-",随后单击"确定"按钮,如图5-78所示。

图 5-77

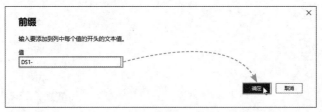

图 5-78

Step 03 "库存编码"列中每个单元格内容的前面随即被添加"DS-1"，效果如图5-79所示。
若要为某列数据添加后缀，可以在"格式"列表中选择"后缀"选项。

	库存编码	商品名称	单价	进货量
1	DS1-QA0001	乐高积木	79	20
2	DS1-DSM0002	芭比娃娃	67	30
3	DS1-A0003B5	拼图	94	21
4	DS1-SSA0004L	不倒翁	64	21
5	DS1-DQ0005	智智球	83	26
6	DS1-XXY0006	遥控小汽车	59	27
7	DS1-20007W	沙滩玩具	27	30
8	DS1-10008SW	水果切切乐	52	21
9	DS1-QA0009DB	磁力片	72	23
10	DS1-SS0010P	万花筒	62	30
11	DS1-AA0011	泡泡枪	94	22
12	DS1-QQ0012	蛋糕切切乐	56	21
13	DS1-MMS0013	厨房玩具	82	22
14	DS1-UU0014S	木质积木	22	30

图 5-79

知识点拨

使用"格式"下拉列表中提供的选项还可以对字母的大小写进行转换、删除字符前后的空格，
以及删除非打印字符等，如图5-80所示。

转换字母大小写

删除字符前面和后面的空格

删除非打印字符

图 5-80

5.4 数据的提取和转换

对数据源进行分解，有时可以提取很多其他有用的信息，例如，根据日期提取年、月、日、星期等信息，从字符串中截取某个字符之前或之后的信息，从身份证号码中提取代表出生年、月、日的数字等。

5.4.1 从指定列中提取信息

在Power Query编辑器中使用"提取"功能，可以提取指定列中字符的长度，根据位置或分隔符提取信息等。"提取"命令按钮保存在"添加列"选项卡的"从文本"组中，如图5-81所示。

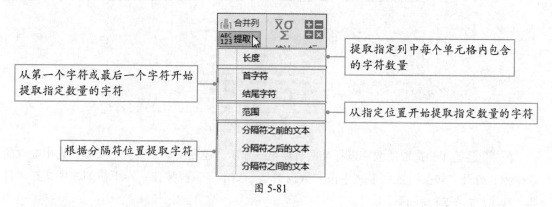

图 5-81

动手练 从身份证号码中提取出生日期

根据起始位置以及要提取的字符数量，可以从身份证号码中提取代表出生年、月、日的数字。

Step 01 选中"身份证号码"列，打开"添加列"选项卡，单击"提取"下拉按钮，在下拉列表中选择"范围"选项，如图5-82所示。

图 5-82

Step 02 弹出"提取文本范围"对话框，在"起始索引"文本框中输入数字"6"（表示从第6个字符开始提取），在"字符数"文本框中输入数字"8"（表示提取8个字符），单击"确定"按钮，如图5-83所示。

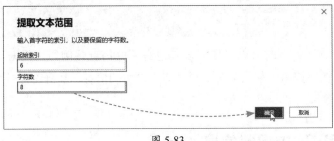

图 5-83

Step 03 身份证号码中代表出生年、月、日的数字随即被提取出来，提取出的内容在表格最右侧列内显示，如图5-84所示。

	A^B_C 姓名	A^B_C 性别		A^B_C 籍贯	A^B_C 身份证号码	A^B_C 文本范围
1	白富飞-12418864818	男		辽宁省大连市甘井子区	21021119800904▓▓6	19800904
2	曾信然-13238737006	男		吉林省吉林市舒兰市	22028319881124▓▓5	19881124
3	韩文青-12393651332	男		山东省济宁市鱼台县	37082719740804▓▓1	19740804
4	黄建钦-13543029547	女		河北省石家庄市平山县	13013119790313▓▓3	19790313
5	李泠-12860204615	男		江苏省无锡市惠山区	32020619861103▓▓3	19861103
6	蒋芳芳-12345656865	女		河南省平顶山市叶县	41042219791126▓▓9	19791126
7	李毅玲-14251556655	女		浙江省舟山市定海区	33090219830412▓▓1	19830412
8	林敬富-12540146568	男		吉林省长春市九台市	22018119890525▓▓1	19890525
9	刘艳-13399878955	女		浙江省杭州市临安市	33018519880424▓▓4	19880424
10	刘云-13842649836	女		河北省秦皇岛市卢龙县	13032419920626▓▓2	19920626
11	莫慧丽-13175682086	男		江苏省南通市崇川区	32060219900629▓▓8	19900629
12	吴玉-13614863214	女		浙江省杭州市临安市	33018519941103▓▓0	19941103
13	孙晓燕-14185074471	女		江苏省苏州市姑苏区	32050819931230▓▓7	19931230

图 5-84

Step 04 为了让提取的数字以标准的日期格式显示，还需要设置其数据类型。选中提取的数据列，打开"转换"选项卡，单击"数据类型：文本"下拉按钮，在下拉列表中选择"日期"选项，如图5-85所示。

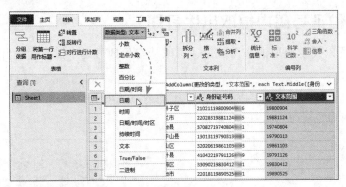

图 5-85

Step 05 提取的数据随即被转换为日期格式。在"转换"选项卡中单击"重命名"按钮，列标题变为可编辑状态，将标题更改为"出生日期"即可，如图5-86所示。

图 5-86

动手练 根据关键字提取信息

当一列中每个单元格中的数据都包含一个相同的字符时，可以批量提取相同字符之前或之后的内容。该字符可以是文本、数字、符号等。下面在"籍贯"列中以字符"省"和"市"为关键字，提取需要的信息。

Step 01 选中"籍贯"列，打开"添加列"选项卡，单击"提取"下拉按钮，在下拉列表中选择"分隔符之前的文本"选项，如图5-87所示。

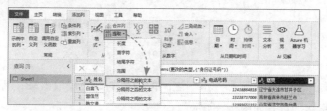

图 5-87

Step 02 弹出"分隔符之前的文本"对话框，在"分隔符"文本框中输入"省"，单击"确定"按钮，如图5-88所示。

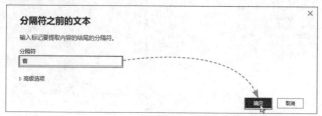

图 5-88

Step 03 "籍贯"列中的省份信息随即被提取出来，新列在表格的最右侧显示，如图5-89所示。

	A^B$_C$ 姓名	A^B$_C$ 性别	1^2$_3$ 电话号码	A^B$_C$ 籍贯	A^B$_C$ 分隔符之前的文本
1	白富飞	男	12418864818	辽宁省大连市甘井子区	辽宁
2	曾信然	男	15238737006	吉林省吉林市舒兰市	吉林
3	韩文清	男	12393651332	山东省济宁市鱼台县	山东
4	黄建钦	女	18543029547	河北省石家庄市平山县	河北
5	李冷	男	12860204615	江苏省无锡市惠山区	江苏
6	蒋芳刘	女	12345658865	河南省平顶山市叶县	河南
7	字晓玲	女	14251556655	浙江省舟山市定海区	浙江
8	林歌富	男	12540146568	吉林省长春市九台市	吉林
9	刘艳	女	13998878955	浙江省杭州市临安市	浙江
10	刘云	女	13842649836	河北省秦皇岛市卢龙县	河北
11	吴瑟照	男	13175682086	江苏省南通市崇川区	江苏
12	晁玉	女	13614863214	浙江省杭州市临安市	浙江
13	孙晓燕	女	14185074471	江苏省苏州市姑苏区	江苏
14	王池轩	男	12950329944	浙江省杭州市上城区	浙江
15	王鹃	女	13777195457	山东省德州市武城县	山东

图 5-89

Step 04 保持"籍贯"列为选中状态，再次单击"提取"下拉按钮，在下拉列表中选择"分隔符之间的文本"选项，如图5-90所示。

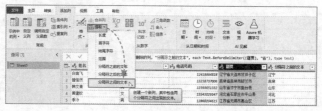

图 5-90

Step 05 弹出"分隔符之间的文本"对话框，在"开始分隔符"文本框中输入"省"，在"结束分隔符"文本框中输入"市"，单击"确定"按钮，如图5-91所示。

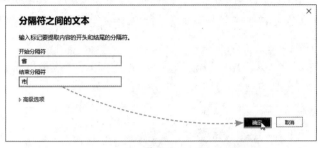

图 5-91

Step 06 籍贯列中介于"省"和"市"之间的内容随即被提取出来，新列在表格最右侧列显示，最后修改列标题即可，如图5-92所示。

图 5-92

5.4.2　提取日期中的信息

在Power Query编辑器中可以从日期中提取需要的信息。例如，从日期中提取年、月、季度、周、天等信息。

动手练 提取合同到期年份

下面使用Power Query编辑器中的"日期"功能提取合同到期的年份。

Step 01 打开Power Query编辑器，选中"到期日期"列，打开"添加列"选项卡，在"从日期和时间"组中单击"日期"下拉按钮，在下拉列表中选择"年"|"年"选项，如图5-93所示。

图 5-93

Step 02 所选列中每个单元格内日期的年份随即被提取到新列中，如图5-94所示。

A^B_C 岗位	▼	⬛ 签订日期	▼	1²₃ 合同期限（年）	▼	⬛ 到期日期	▼	1²₃ 年	▼
岗位1		2018/6/1		5		2023/6/1		2023	
岗位2		2020/11/1		4		2024/11/1		2024	
岗位3		2019/1/1		3		2022/1/1		2022	
岗位4		2018/6/22		3		2021/6/22		2021	
岗位7		2019/12/29		3		2022/12/29		2022	
岗位5		2019/5/1		5		2024/5/1		2024	
岗位6		2017/6/5		4		2021/6/5		2021	
岗位8		2020/1/10		3		2023/1/10		2023	
岗位9		2018/2/5		5		2023/2/5		2023	
岗位10		2019/6/5		4		2023/6/5		2023	

图 5-94

知识点拨

使用"日期"列表中的"年份开始值"和"年份结束值"，如图5-95所示，还可以提取日期对应年份的第一天和最后一天，如图5-96所示。

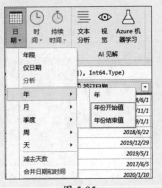

图 5-95

⬛ 到期日期	▼	⬛ 年份开始值	▼	⬛ 年份结束值	▼
2023/6/1		2023/1/1		2023/12/31	
2024/11/1		2024/1/1		2024/12/31	
2022/1/1		2022/1/1		2022/12/31	
2021/6/22		2021/1/1		2021/12/31	
2022/12/29		2022/1/1		2022/12/31	
2024/5/1		2024/1/1		2024/12/31	
2021/6/5		2021/1/1		2021/12/31	
2023/1/10		2023/1/1		2023/12/31	
2023/2/5		2023/1/1		2023/12/31	
2023/6/5		2023/1/1		2023/12/31	

图 5-96

动手练 提取日期对应的星期几

使用"日期"命令提供的"星期"选项，还可以从日期中提取对应的星期几，下面介绍具体操作方法。

Step 01 选中要提取其星期信息的列，打开"添加列"选项卡，在"从日期和时间"组中单击"日期"下拉按钮，在下拉列表中选择"天"|"星期几"选项，如图5-97所示。

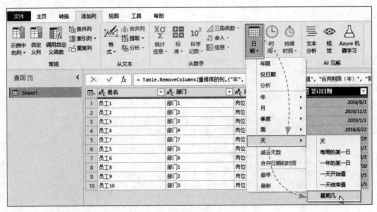

图 5-97

Step 02 选择列中每个日期是星期几随即被提取到新列中，效果如图5-98所示。

	A^B_C 姓名	A^B_C 部门	A^B_C 岗位	签订日期	A^B_C 星期几
1	员工1	部门1	岗位1	2018/6/1	星期五
2	员工2	部门2	岗位2	2020/11/1	星期日
3	员工3	部门3	岗位3	2019/1/1	星期二
4	员工4	部门4	岗位4	2018/6/22	星期五
5	员工7	部门7	岗位7	2019/12/29	星期日
6	员工5	部门5	岗位5	2019/5/1	星期三
7	员工6	部门6	岗位6	2017/6/5	星期一
8	员工8	部门1	岗位8	2020/1/10	星期五
9	员工9	部门2	岗位9	2018/2/5	星期一
10	员工10	部门3	岗位10	2019/6/5	星期三

图 5-98

5.4.3　了解二维表和一维表的概念

二维表是指数据区域同时包含行标题和列标题，通过行、列标题决定每个单元格中数据的属性，二维表效果如图5-99所示。

	A^B_C 月份	1²₃ 张芳芳	1²₃ 刘丽荣	1²₃ 孙佳慧	1²₃ 吴宇宁	1²₃ 孙玉婷	1²₃ 刘家辉
1	1月	28	25	24	24	90	72
2	2月	90	37	99	63	29	22
3	3月	26	68	38	86	43	21
4	4月	29	31	66	99	84	71
5	5月	18	64	75	78	45	11
6	6月	82	85	77	63	24	48
7	7月	53	83	51	24	98	62
8	8月	91	78	14	75	58	15
9	9月	48	34	36	74	98	12
10	10月	68	10	87	50	57	40
11	11月	16	27	12	45	45	59
12	12月	75	43	88	25	23	50

图 5-99

一维表是指每列包含不同类型的信息，各列标题位于数据区域的顶部，所有数据呈纵向排列，一维表效果如图5-100所示。

	A^B_C 月份	A^B_C 姓名	1²₃ 销量
1	1月	张芳芳	28
2	1月	刘丽荣	25
3	1月	孙佳慧	24
4	1月	吴宇宁	24
5	1月	孙玉婷	90
6	1月	刘家辉	72
7	2月	张芳芳	90
8	2月	刘丽荣	37
9	2月	孙佳慧	99
10	2月	吴宇宁	63
11	2月	孙玉婷	29
12	2月	刘家辉	22
13	3月	张芳芳	26
14	3月	刘丽荣	68
15	3月	孙佳慧	38
16	3月	吴宇宁	86
17	3月	孙玉婷	43
18	3月	刘家辉	21
65	11月	孙玉婷	45
66	11月	刘家辉	59
67	12月	张芳芳	75
68	12月	刘丽荣	43
69	12月	孙佳慧	88
70	12月	吴宇宁	25
71	12月	孙玉婷	23
72	12月	刘家辉	50

图 5-100

动手练 将二维表转换为一维表

用于数据分析的数据源通常使用一维表的形式录入,而二维表则可作为数据分析结果的展示。Power BI Desktop中的数据源若是二维表形式,可以使用"逆透视列"功能进行转换。具体操作方法如下。

Step 01 打开Power Query编辑器,本案例需要将除了"月份"以外的其他列全部转换为一维表,所以此处可以选择"月份"列,随后打开"转换"选项卡,单击"逆透视列"下拉按钮,在下拉列表中选择"逆透视其他列"选项,如图5-101所示。

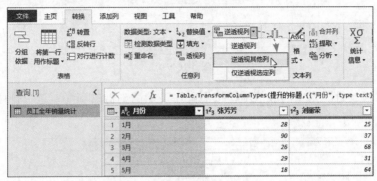

图 5-101

Step 02 表中未选中的列被转换为一维表形式,此时列标题默认为"属性"和"值",如图5-102所示。

Step 03 依次双击"属性"和"值"标题,在编辑状态下手动修改标题名称为"姓名"和"销量",如图5-103所示。

	A^B_C 月份	A^B_C 属性	1^2_3 值
1	1月	张芳芳	28
2	1月	刘丽荣	25
3	1月	孙佳慧	24
4	1月	吴宇宁	24
5	1月	孙玉婷	90
6	1月	刘家辉	72
7	2月	张芳芳	90
8	2月	刘丽荣	37
9	2月	孙佳慧	99

图 5-102

	A^B_C 月份	A^B_C 姓名	1^2_3 销量
1	1月	张芳芳	28
2	1月	刘丽荣	25
3	1月	孙佳慧	24
4	1月	吴宇宁	24
5	1月	孙玉婷	90
6	1月	刘家辉	72
7	2月	张芳芳	90
8	2月	刘丽荣	37
9	2月	孙佳慧	99

图 5-103

5.5 对数据源进行统计和分析

在Power Query编辑器中,可以对数据进行排序、筛选、分类汇总,以及一些常规的数据统计等常规统计和分析操作。下面分别介绍操作方法。

5.5.1 数据源的排序和筛选

在Power Query编辑器中,对数据进行排序和筛选的方法和在Excel中的操作方法是相通的。这进一步说明了具有Excel操作经验对学习Power BI有很大帮助。

下面对"作品分析"表中的"播放量"列内的值进行"降序"排序，具体操作方法如下。

Step 01 单击"播放量"列标题右侧的▽按钮，在展开的筛选器顶端包含"升序排序"和"降序排序"选项，用户可根据需要在此选择要执行的操作，此处选择"降序排序"选项，如图5-104所示。

图 5-104

Step 02 "播放量"列中的数值随即按照降序（从高到低的顺序）进行排序，如图5-105所示。

	▦. AᵇC 视频标题	▽	▦ 发布时间	▽	1²₃ 播放量	▾↓	% 完播率	▽
1	视频14		2023/6/27		62789		9.45%	
2	视频8		2023/7/9		37262		8.79%	
3	视频2		2023/7/21		35767		4.72%	
4	视频13		2023/6/29		26385		5.34%	
5	视频9		2023/7/7		25499		3.15%	
6	视频12		2023/7/1		22624		1.67%	
7	视频11		2023/7/3		19554		3.88%	
8	视频4		2023/7/17		18096		3.21%	
9	视频6		2023/7/13		16923		2.12%	
10	视频10		2023/7/5		16491		1.99%	
11	视频5		2023/7/15		15772		2.19%	
12	视频7		2023/7/11		13546		1.60%	
13	视频3		2023/7/19		11532		1.41%	
14	视频1		2023/7/23		10908		4.02%	

图 5-105

知识点拨

执行过排序操作的字段，其筛选按钮会显示一个向上或向下的箭头，向上的箭头表明当前字段执行了升序排序，向下的箭头表明当前字段执行了降序排序。若要取消排序，可以再次单击标题右侧的下拉按钮，在下拉列表中选择"清除排序"按钮，如图5-106所示。

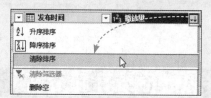

图 5-106

动手练 筛选包含指定关键字的商品

在筛选器中可以对数据进行筛选。当数据类型不同时，筛选器中会提供不同的筛选项。下面以筛选文本字型数据和数值型数据为例进行介绍。

Step 01 单击"销售商品"列标题右侧的下拉按钮，在筛选器中选择"文本筛选器"选项，在其下级列表中选择"包含"选项，如图5-107所示。

Excel与Power BI数据分析及可视化标准教程（实战微课版）

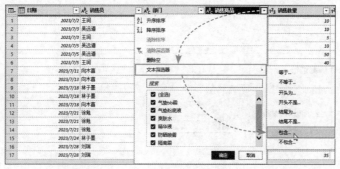

图 5-107

Step 02 弹出"筛选行"对话框，在"包含"右侧的文本框中输入"气垫"，单击"确定"按钮，如图5-108所示。

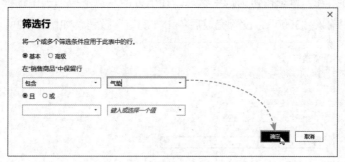

图 5-108

Step 03 销售商品列中包含"气垫"两个字的数据被筛选出来，如图5-109所示。

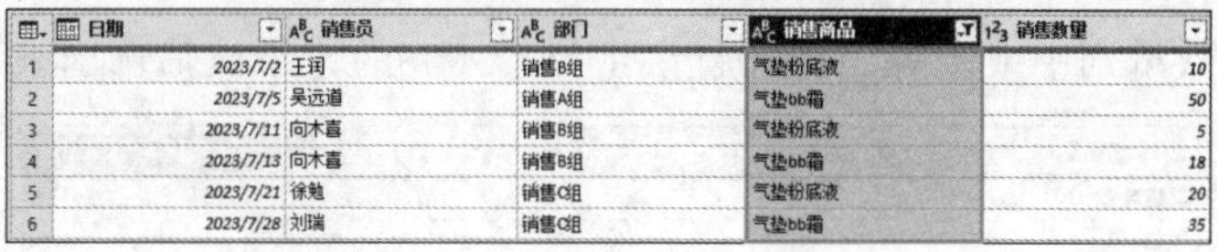

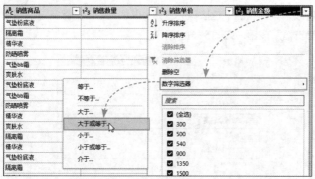

图 5-109

动手练 筛选指定范围内的数据

筛选数值型数据时，利用"数字筛选器"可以设置两个筛选条件，下面介绍具体操作方法。

Step 01 单击"销售金额"列标题右侧的下拉按钮，在展开的筛选器中选择"数字筛选器"|"大于或等于"选项，如图5-110所示。

图 5-110

Step 02 弹出"筛选行"对话框，在"大于或等于"右侧的文本框中输入"1000"，如图5-111所示。

图 5-111

Step 03 保持"且"单选按钮为选中状态，在下方的左侧下拉列表中选择"小于或等于"，在右侧的文本框中输入"3000"，设置完成后单击"确定"按钮，如图5-112所示。

图 5-112

Step 04 销售数量列中大于等于1000且小于等于3000的记录被筛选出来，如图5-113所示。

A^B_C 销售商品	1²₃ 销售数量	1²₃ 销售单价	1²₃ 销售金额
防晒喷雾	10	150	1500
气垫bb霜	50	60	3000
爽肤水	40	55	2200
气垫bb霜	18	99	1782
防晒喷雾	20	150	3000
精华液	10	170	1700
隔离霜	15	90	1350
精华液	15	170	2550
气垫bb霜	35	75	2625

图 5-113

知识点拨

执行过筛选的字段，其标题的下拉按钮会变为 形状，若要清除筛选，可单击该按钮，在下拉列表中选择"清除筛选器"按钮，如图5-114所示。

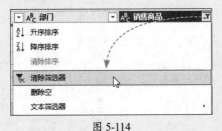

图 5-114

Excel与Power BI数据分析及可视化标准教程（实战微课版）

5.5.2 数据的分组统计

当表中的某列包含多种类别的数据时，可以按照类别对该列数据进行分组，然后指定一个汇总列进行汇总计算，汇总方式包括求和、求平均值、求中值、求最大值或最小值等。这一功能类似于Excel中的分类汇总。

动手练 对指定的一列数据分组

下面对"销售商品"进行分组，并对"销售金额"进行求和汇总。

Step 01 选中表中的任意一个单元格，打开"主页"选项卡，在"转换"组中单击"分组依据"按钮，如图5-115所示。

图 5-115

Step 02 弹出"分组依据"对话框，设置分组字段为"销售商品"，在"新列名"文本框中输入"销售金额汇总"，单击"操作"下拉按钮，在下拉列表中选择"求和"，设置"柱"为"销售金额"字段，表示对"销售金额"进行汇总，最后单击"确定"按钮，如图5-116所示。

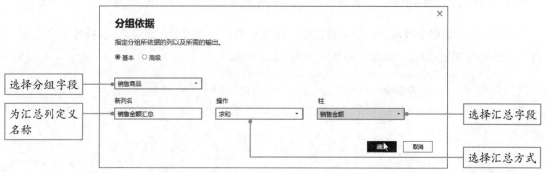

图 5-116

Step 03 Power Query编辑器中随即显示每种商品名称的销售金额求和汇总结果。此时的分类汇总结果会覆盖原表，若要查看原表，可以在"查询设置"窗格中的"应用的步骤"列表内单击"分组的行"之前的操作步骤，单击"分组的行"左侧的╳按钮，可删除分类汇总，如图5-117所示。

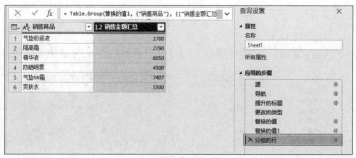

图 5-117

对多列数据进行分组统计

进行分类汇总操作时,可以同时设置多个分组字段和汇总字段。具体操作方法如下。

Step 01 在"主页"选项卡中单击"分组依据"按钮,弹出"分组依据"对话框,选中"高级"单选按钮,设置第一个分组字段为"部门",随后单击"添加分组"按钮,如图5-118所示。

Step 02 对话框中随即添加一个分组选项,设置第二个分组字段为"销售员"。设置新列名为"销售数量汇总",操作为"求和",柱为"销售数量",设置完成后单击"添加聚合"按钮,如图5-119所示。

图 5-118　　　　　　　　　　　　　　　　图 5-119

Step 03 对话框中被添加一个汇总选项,设置新列名为"销售金额汇总"、操作为"求和"、柱为"销售金额",单击"确定"按钮,如图5-120所示。

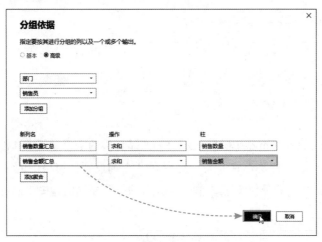

图 5-120

Step 04 Power Query编辑器中即可显示对多列进行分类统计的结果,如图5-121所示。

	A⁸c 部门	A⁸c 销售员	1.2 销售数里汇总	1.2 销售金额汇总
1	销售B组	王润	55	3600
2	销售A组	吴远道	70	5400
3	销售B组	向木喜	83	5382
4	销售A组	林子墨	40	5250
5	销售C组	徐勉	35	3140
6	销售C组	刘瑞	50	5175

图 5-121

▌5.5.3 对现有字段执行统计运算

"统计信息"功能提供多种自动统计方式,包括求和、求最大值或最小值、求中值、求平均值、求标准偏差等。

在Power Query编辑器中的"转换"和"添加列"选项卡中都包含"统计信息"按钮,如图5-122、图5-123所示。它们的区别如下。

- **"转换"选项卡中的"统计信息"按钮:**只能对一列中的数据进行统计,统计方式为纵向统计,统计结果会覆盖原表。
- **"添加列"选项卡中的"统计信息"按钮:**对两列及两列以上的数据进行统计,统计方式为横向统计,统计结果会在新列中显示。

图 5-122

图 5-123

动手练 统计指定列的平均值

下面介绍如何统计考生的"语文"平均成绩。

Step 01 选中"语文"列,打开"转换"选项卡,在"编号列"组中单击"统计信息"下拉按钮,在下拉列表中选择"平均值"选项,如图5-124所示。

图 5-124

Step 02 当前窗口中随即显示统计结果,该结果会覆盖原表,如图5-125所示。

图 5-125

动手练 统计多列数据的和

使用"统计信息"功能，当选中多列后，还可以对所选列中同一行内的数据进行求和，并将求和结果显示在新添加的列中。

Step 01 按住Ctrl键，依次单击"语文""数学""英语"三列的列标题，将这三列同时选中，打开"添加列"选项卡，在"从数字"组中单击"统计信息"下拉按钮，在下拉列表中选择"求和"选项，如图5-126所示。

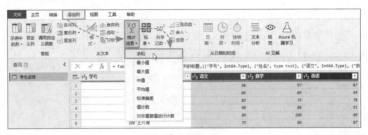

图 5-126

Step 02 表右侧随即添加"加法"列，该列中自动计算所选列中相同行内的分数之和，如图5-127所示。

学号	姓名	语文	数学	英语	加法
101	刘珏	98	97	87	282
102	孙慧莹	86	89	94	269
103	程家佳	82	75	78	235
104	江梦桐	98	86	91	275
105	赵辉	99	100	86	285
106	王兴周	73	86	87	246
107	孙阳	94	96	89	279
108	吴宇	81	90	87	258
109	姚佳悦	90	90	76	256
110	薛茜钱	76	98	78	252
111	柳绣	94	96	89	279
112	李翀	81	90	87	258
113	王蒙	90	90	76	256
114	贾玉婷	76	98	78	252

图 5-127

5.5.4 添加计算列

用户还可在Power Query编辑器中对数据进行各种基本的计算。包括执行基本数学运算、科学运算、三角函数运算，对数字执行舍入、提取奇偶数等。

这些功能按钮同样存在于"转换"选项以及"添加列"选项卡中，如图5-128、图5-129所示。两个选项卡中的命令按钮区别在于一个是用计算结果覆盖原表，一个是将计算结果生成在新列中。

图 5-128

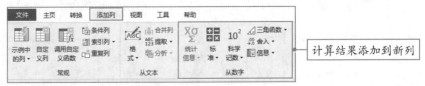

图 5-129

Excel与Power BI数据分析及可视化标准教程（实战微课版）

动手练 计算销售金额

下面根据产品的销售数量和单价计算销售金额以及销售利润。

Step 01 同时选中"数量"和"单价"列，打开"添加列"选项卡，在"从数字"组中单击"标准"下拉按钮，在下拉列表中选择"乘"选项，如图5-130所示。

图 5-130

Step 02 表右侧随即添加新列，显示数量和单价相乘的结果，该列默认的标题名称为"乘法"，用户可根据需要修改标题，如图5-131所示。

A_B^C 客户	A_B^C 产品名称	1²₃ 数量	1²₃ 单价	1²₃ 乘法
客户A	汽车脚垫	15	228	3420
客户B	雨刮器	17	272	4624
客户C	冷却液	1	261	261
客户D	洗车器	6	215	1290
客户E	倒车影像	10	142	1420
客户F	行车记录仪	8	155	1240
客户G	润骨油	19	200	3800
客户H	汽车启动电源	6	206	1236
客户I	汽车贴膜	8	296	2368
客户J	玻璃水	6	142	852

图 5-131

动手练 计算销售利润

Step 01 将"乘法"标题名称修改为"金额"，随后将该列选中，在"添加列"选项卡中单击"标准"下拉按钮，在下拉列表中选择"百分比"选项，如图5-132所示。

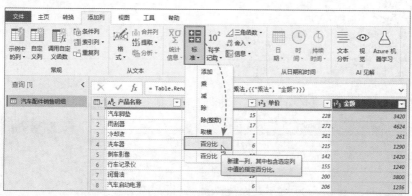

图 5-132

Step 02 弹出"百分比"对话框，假设利润占金额的20%，在"值"文本框中输入"20"，单击"确定"按钮，如图5-133所示。

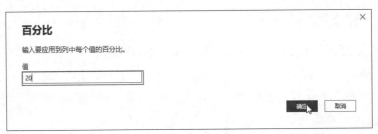

图 5-133

Step 03 表右侧随即添加"百分比"列，该列中显示的结果为金额列中数值的20%，该列的标题默认为"百分比"，如图5-134所示。

ABC 产品名称	1²₃ 数量	1²₃ 单价	1²₃ 金额	1.2 百分比
汽车脚垫	15	228	3420	684
雨刮器	17	272	4624	924.8
冷却液	1	261	261	52.2
洗车器	6	215	1290	258
倒车影像	10	142	1420	284
行车记录仪	8	155	1240	248
润骨油	19	200	3800	760
汽车启动电源	6	206	1236	247.2
汽车贴膜	8	296	2368	473.6
玻璃水	6	142	852	170.4

图 5-134

Step 04 修改"百分比"列的标题为"利润"，保持该列为选中状态，切换到"转换"选项卡，在"编号列"组中单击"舍入"下拉按钮，在下拉列表中选择"向上舍入"选项，如图5-135所示。

	1²₃ 单价	1²₃ 金额	1.2 利润
1	15	228	3420	684
2	17	272	4624	924.8
3	1	261	261	52.2
4	6	215	1290	258
5	10	142	1420	284
6	8	155	1240	248
7	19	200	3800	760
8	6	206	1236	247.2
9	8	296	2368	473.6
10	6	142	852	170.4

`= Table.RenameColumns(已插入的百分比,{{"百分比","利润"}})`

图 5-135

Step 05 利润列中的小数部分随即被自动向上舍入到整数部分，如图5-136所示。

ABC 产品名称	1²₃ 数量	1²₃ 单价	1²₃ 金额	1²₃ 利润
汽车脚垫	15	228	3420	684
雨刮器	17	272	4624	925
冷却液	1	261	261	53
洗车器	6	215	1290	258
倒车影像	10	142	1420	284
行车记录仪	8	155	1240	248
润骨油	19	200	3800	760
汽车启动电源	6	206	1236	248
汽车贴膜	8	296	2368	474
玻璃水	6	142	852	171

图 5-136

5.5.5 根据条件生成分析结果

查询表中可以根据现有数据的类型设置相关条件，并将判断结果显示在新列中。下面设置条件判断为"金额"列中的值是否大于等于50，满足条件时返回"畅销"，不满足条件时返回"一般"。具体操作方法如下。

Step 01 打开"添加列"选项卡，在"常规"选项卡中单击"条件列"按钮，如图5-137所示。

图 5-137

Step 02 弹出"添加条件列"对话框，设置"新列名"为"销量分析"；"列名"为"销售数量"；"运算符"选择"大于或等于"；在"值"文本框中输入"50"；在"输出"文本框中输入"畅销"；在对话框左下角的ELSE文本框中输入"一般"，单击"确定"按钮，如图5-138所示。

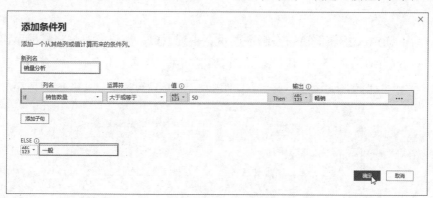

图 5-138

Step 03 数据区域最右侧随即添加"销量分析"列，当"销售数量"列中的值大于等于50，显示"畅销"，否则显示"一般"，如图5-139所示。

物品名称	销售数量	单价	金额	销量分析
物品01	16	56.00	896.00	一般
物品02	87	78.00	6,786.00	畅销
物品03	39	56.00	2,184.00	一般
物品04	53	49.00	2,597.00	畅销
物品05	51	58.00	2,958.00	畅销
物品06	10	50.00	500.00	一般
物品07	26	30.00	780.00	一般
物品08	77	45.00	3,465.00	畅销
物品09	95	56.00	5,320.00	畅销
物品10	29	55.00	1,595.00	一般
物品11	10	60.00	600.00	一般
物品12	35	40.00	1,400.00	一般
物品13	97	35.00	3,395.00	畅销
物品14	15	36.00	540.00	一般
物品15	27	40.00	1,080.00	一般
物品16	67	56.00	3,752.00	畅销
物品17	37	78.00	2,886.00	一般

图 5-139

5.6　新手答疑

1. Q: 在 Power Query 中如何撤销之前执行过的操作?

　A: Power Query编辑器窗口中没有撤销按钮,但是执行过的每一步操作都会记录在"查询设置"窗格中,若要撤销某个操作,可以在该窗格中的"应用的步骤"列表中单击该操作右侧的 ✕ 按钮,撤销该步骤,如图5-140所示。

图 5-140

2. Q: Power Query 编辑器窗口右侧不显示"查询设置"窗格,怎样将其显示出来?

　A: 在Power Query编辑器中打开"视图"选项卡,在"布局"组中单击"查询设置"按钮,当该按钮呈深色被选中状态时,"查询设置"窗格即可显示,如图5-141所示。

图 5-141

3. Q: 从其他文件中导入的数据中包含身份证号码时,身份证号码以科学记数法显示,如何让身份证号码显示为正常的 18 位数字?

　A: 可以将包含身份证号码的列设置为"文本"格式。在Power Query编辑器中选中包含身份证号码的列,在"主页"选项卡的"转换"组中单击"数据类型:整数"下拉按钮,在下拉列表中选择"文本"选项即可,如图5-142所示。

图 5-142

Excel与Power BI数据分析及可视化标准教程(实战微课版)

第6章

Power BI 数据建模和新建计算

在数据分析的过程中，为数据建模的目的是将现有的数据组织成需要的数据信息，通过对数据信息进行分析、抽象，从中找出内在关系。本章对如何在Power BI中创建数据模型以及创建新的计算进行详细介绍。

6.1　数据模型的基础知识

　　Power BI数据模型是一系列关系的表格集合,一个好的数据模型不仅能够提高数据的可理解性,提高相关流程和系统的性能,还可以提高对变化的适用性,下面对数据模型的基本概念以及创建方法进行详细介绍。

6.1.1　数据建模的概念

　　数据建模的目的是构建多维度的可视化分析,Power BI处理的表往往不止一个,其优势在于能够打通来自不同数据源中的各种数据表,根据不同的维度、逻辑来聚合分析数据,从而进行数据分类汇总和可视化呈现。而分析数据的前提条件是各个表之间需要建立关系,以便让这些表中的数据在逻辑上构成一个整体,建立关系的过程被称为数据建模。所以数据建模实际上也是为数据表建立关系的过程,通过数据建模构建的数据模型实际上是一系列相关表的集合,通过这个集合可以让用户更轻松地了解数据。

6.1.2　数据建模的组成

　　基本数据建模由事实表、维度表以及关系组成,各组成部分的详细说明如下。

- **事实表**:事实表包含数据分析所需的数据,通常是业务表。例如,在销售表中一般会包含销售金额,在对销售数据进行分析时,一般是分析各种销售额。在这种表中销售额是可以用来进行聚合计算的值。这种可以聚合的计量数据,在可视化分析中一般被称为度量值。度量值通常是可以被分割的,可以根据上下文环境定义不同的值,例如可以按照商品类别、客户、月份等来查看销售额,此时的销售额便是被分割的度量值。

- **维度表**:维度表是用来做筛选的表,用户想要用什么属性分析度量值,便可以把这个属性分组细化到维度表中。例如,想要按照日期分析数据,可以根据年、月、季度、周等维度对度量值进行细化。维度表和事实表之间靠关系连接。

- **关系**:把多个表导入Power BI之后,默认情况下,若表和表之间具有相同的字段名,系统会自动建立简单的关系,在模型视图中可以看到已建立的数据模型,如图6-1所示。

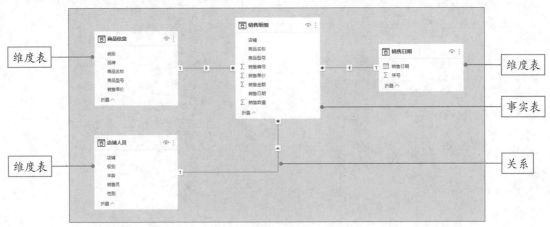

图 6-1

6.1.3 了解关系

数据关系是指事实数据之间的逻辑关系。在Power BI中为多个表创建关系时需要这些表中具有相关联的字段，为这些本来各自独立的数据表建立某种逻辑连接。

在Power BI Desktop中关系的类型称为基数。关系的类型分为一对一、一对多、多对一和多对多，其中一对多实际意义相同，只是创建关系的两个表位置不同。各种关系的详细说明如下。

- **一对一（1：1）**：A表中的一条记录只能与B表的一条记录对应。列中的每个值在两个表中都是唯一的。
- **一对多（1：*）**：A表中的一条记录可以对应B表中的多条记录。
- **多对一（*：1）**：和一对多相反，B表中的多条记录对应A表的一条记录（可以理解为一个表中的关系有重复值，而另一个表中是单一值）。
- **多对多（*：*）**：A表中的一条记录能够对应B表中的多条记录；同时B表中的一条记录也可以对应A表中的多条记录。

在关系设置中还需要设置关系的交叉筛选器方向，交叉筛选器方向主要用于指定当具有关系的两个表筛选数据时，筛选效果的作用范围，交叉筛选器方向分为"单击"和"两个"。默认情况下，Power BI Desktop会将筛选设置为两个，但是如果从Excel或Power Pivot中导入数据，则会默认将所有关系设置为单一。

- **单一**：适用于连接表中的筛选选项，用于需要计算值的总和的表格。可以理解为，一个表只能对另一个表筛选，不能反向。
- **两个**：可以将连接表的所有方面均视为同一个表进行操作，可以理解为两个表可以相互筛选。

6.1.4 模型视图

在模型视图中可以一目了然地看到表示各个表的数据块，它们之间的线条代表表关系。通过观察可以发现，这些代表关系的线条有虚线和实线；线条中的箭头有单向箭头和双向箭头；线条两端分别有数字"1"或"*"符号，如图6-2所示。

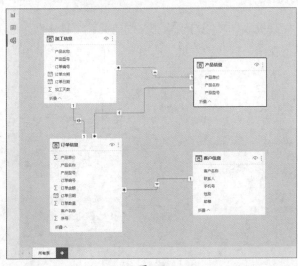

图 6-2

这些不同样式的线条、箭头以及符号分别代表不同的含义。

- **实线**：表示此关系可用。
- **虚线**：表示此关系不可用。
- **单向箭头**：表示交叉筛选方向为单向。一个表只能对另一个表筛选，不能反向。
- **双向箭头**：表示交叉筛选方式为双向。两个表可以相互筛选。
- **"1"和"*"**："1"和"*"代表关系的类型。"1∶*"表示一对多关系、"*∶1"表示多对一关系、"1∶1"表示一对一关系、"*∶*"表示多对多关系。

6.2 数据关系的创建和管理

在向Power BI Desktop中加载数据后，可为多个表创建关系。表之间的关系可以由Power BI Desktop自动创建，也可以由用户手动创建。

6.2.1 自动创建关系

默认情况下系统会自动为存在关系的表创建关系。单击"模型视图"按钮，切换到模型视图，即可查看表之间的关系，如图6-3所示。

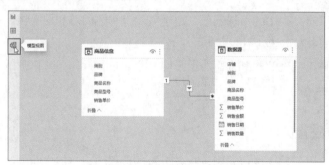

图 6-3

6.2.2 自动检测关系

用户也可以通过"管理关系"功能自动检测并创建关系。具体操作方法如下。

`Step 01` 切换到模型视图，打开"主页"选项卡，在"关系"组中单击"管理关系"按钮，如图6-4所示。

图 6-4

Step 02 弹出"管理关系"对话框，单击"自动检测"按钮，如图6-5所示。

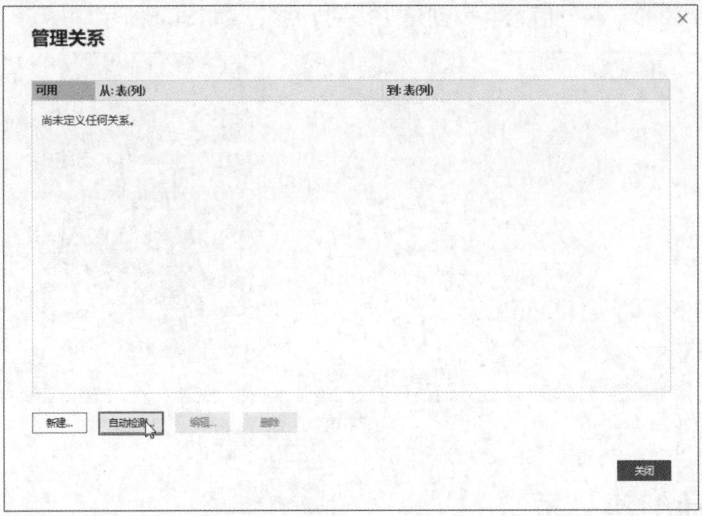

图 6-5

Step 03 Power BI Desktop随即开始自动检测已加载的所有表，若发现表之间存在关系，弹出的对话框中会显示查找到的新关系数量，单击"关闭"按钮关闭对话框，如图6-6所示。

图 6-6

Step 04 "管理关系"对话框中随即显示自动创建关系的表，表名称右侧的括号中会显示两个表中存在关系的列名称，保持关系右侧的复选框为勾选状态，单击"关闭"按钮，如图6-7所示。

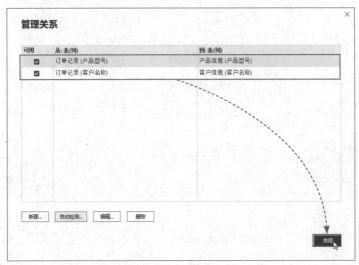

图 6-7

Step 05 此时在模型视图中可以看到有关系的表已经被建立联系，本例"订单记录"表分别与"产品信息"表和"客户信息"表创建了多对1关系，如图6-8所示。

图 6-8

6.2.3 手动创建关系

若Power BI Desktop无法自动为有关联的表创建关系，用户可以手动创建关系。手动创建关系通常使用鼠标拖曳和"管理关系"对话框进行创建。

动手练 通过鼠标拖曳字段创建关系

在模型视图中可以看到所有已加载的表以及表之间是否建立的关系，对于系统检测不到的关系，可以使用鼠标拖曳的方式快速建立。

Step 01 切换到模型视图，在"金额统计"表中选择"订单日期"字段，按住鼠标左键向"订单记录"表中的"产品名称"字段上方拖动，如图6-9所示。

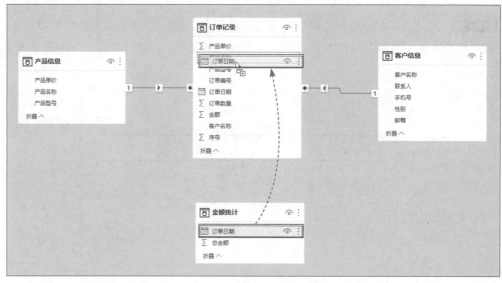

图 6-9

Step 02 松开鼠标后两个表之间会出现一条连线，表示已经建立了关系，如图6-10所示。

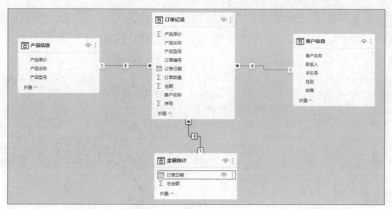

图 6-10

动手练 使用对话框创建关系

除了使用鼠标拖曳的方式，用户还可以使用"创建关系"对话框为指定的两个表创建关系。

Step 01 在模型视图中打开"主页"选项卡，在"关系"组中单击"管理关系"按钮，如图6-11所示。

图 6-11

Step 02 系统随即打开"管理关系"对话框，此时对话框中显示"尚未定义任何关系"，单击"新建"按钮，如图6-12所示。

Step 03 打开"创建关系"对话框，单击上方的下拉列表，选择要创建关系的第一个表，此处选择"销售明细"表，如图6-13所示。

图 6-12

图 6-13

Step 04 单击下方的下拉按钮，在下拉列表中选择要与上方所选表创建关系的表，此处选择"店铺人员"表，如图6-14所示。

Step 05 随后在两个表中分别单击用于创建关系的相关列，此处在"销售明细"表中选择"店铺"列，在"店铺人员"表中选择"销售人员"列，当选择好相互关联的表和列之后，对话框底部会自动显示基数和交叉筛选器方向，单击"确定"按钮，如图6-15所示。

图 6-14

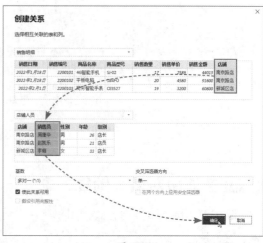

图 6-15

Step 06 返回"管理关系"对话框，此时对话框中已经显示出相互关联的表和列，若要继续创建关系，则再次单击"新建"按钮，参照上述步骤选择关联的表和列，如图6-16所示。

管理关系

可用	从: 表(列)	到: 表(列)
☑	销售明细 (店铺)	店铺人员 (销售员)

新建... 自动检测... 编辑... 删除

关闭

图 6-16

Step 07 所有关系创建完成后，单击"关闭"按钮关闭对话框，如图6-17所示。

管理关系

可用	从: 表(列)	到: 表(列)
☑	销售明细 (店铺)	店铺人员 (销售员)
☑	销售明细 (商品名称)	商品信息 (商品型号)
☑	销售明细 (销售编号)	销售日期 (销售日期)

新建... 自动检测... 编辑... 删除

关闭

图 6-17

Excel与Power BI数据分析及可视化标准教程（实战微课版）

Step 08 模型视图中显示出创建的表关系，效果如图6-18所示。

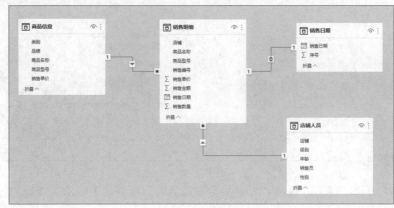

图 6-18

6.2.4 查看表关系

在模型视图中选中表之间的关系连接线，在窗口右侧的"属性"窗格中可以查看该连接线所连接的表以及关联字段、基数（关系类型）、交叉方向等信息，如图6-19所示。

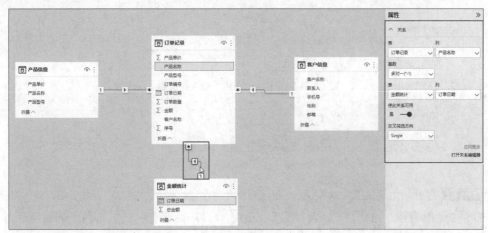

图 6-19

6.2.5 排列表位置

为了让各个表在当前视图中以更加美观的方式进行排列，可以通过鼠标拖动调整表位置。将光标放置在要移动位置的表的标题位置，光标变成四向箭头 ⊕ 时，如图6-20所示，按住鼠标左键进行拖动，即可调整其位置，如图6-21所示。

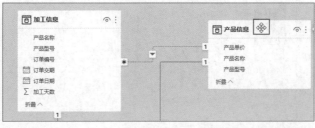

图 6-20

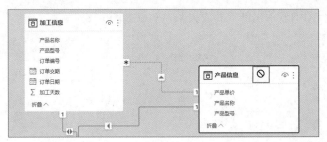

图 6-21

动手练 编辑关系

为表创建关系后，还可以通过"管理关系"对话框，对相互关联的表或列进行编辑。下面
介绍具体操作方法。

Step 01 Power BI Desktop默认为"订单记录"表和"产品信息"表中的"产品型号"字段
创建多对一关系。选中该关系，在右侧的"属性"窗格中单击"打开关系编辑器"文字链接，
如图6-22所示。

图 6-22

Step 02 打开"编辑关系"对话框，在该对话框中重新选择关联的列，此处在"订单记录"
表中选择"订单编号"列，在"产品信息"表中选择"产品名称"列，这两个列属于一对多关
系，随后单击"确定"按钮，如图6-23所示。

图 6-23

Step 03 在模型视图中可以看到两个表中连接的列已经发生更改，如图6-24所示。

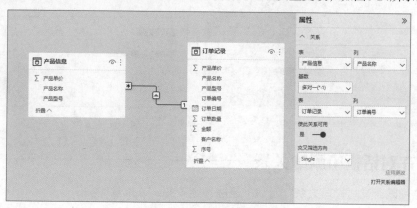

图 6-24

知识点拨

　　用户也可以在模型视图中的"主页"选项卡中单击"管理关系"按钮，打开"管理关系"对话框，在该对话框中选择要编辑的关系，随后单击"编辑"按钮，如图6-25所示。打开"编辑关系"对话框，对所选关系进行更改。

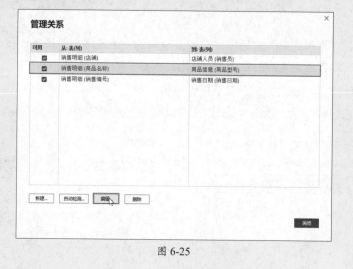

图 6-25

6.2.6　删除关系

　　若某个关系不可用，或不再需要这个关系，可以将关系删除。用户可以在模型视图中使用快捷键快速删除关系，或在"管理关系"对话框中删除关系。

动手练 使用快捷键删除关系

　　使用快捷键删除关系非常简单，具体操作方法如下。

Step 01 在模型视图中单击要删除的关系线条，按Delete键，如图6-26所示。

Step 02 系统弹出"删除关系"对话框，单击"是"按钮，即可将该关系删除，如图6-27所示。

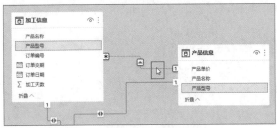

图 6-26   图 6-27

 在对话框中删除关系

用户也可以通过"管理关系"对话框删除指定关系，或批量删除多个关系，具体操作方法如下。

Step 01 在模型视图的"主页"选项卡中单击"管理关系"按钮，如图6-28所示。

图 6-28

Step 02 打开"管理关系"对话框，选中要删除的一个或多个关系（按住Ctrl键的同时依次单击多个关系，可将这些关系同时选中），单击"删除"按钮，如图6-29所示。

Step 03 系统弹出"删除关系"对话框，单击"确定"按钮。"管理关系"对话框中可以看到被选中的关系已经被删除，单击"关闭"按钮即可完成操作，如图6-30所示。

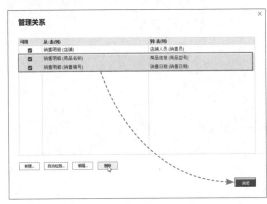

图 6-29   图 6-30

6.3 DAX数据分析表达式

数据分析表达式DAX是在Power BI、Excel等数据处理工具的Power Pivot中使用的公式表达式语言。DAX公式包括函数、运算符和值，用于对表格数据模型中相关的表和列中的数据执行高级计算和查询。

6.3.1 DAX公式简介

DAX（Data Analysis Expressions）即数据分析表达式，是一种函数语言，主要功能是将数据分析用于数据的查询和运算。DAX查询函数可以筛选出有用的数据集合，然后利用DAX的聚合函数执行计算。例如，当用户需要计算相对于市场趋势的年增长额时，可以使用DAX公式。下面对DAX的语法及DAX函数的类别进行介绍。

DAX语法包括组成公式的各种元素，例如：

订单总额=SUM('订单记录'[销售额])

这个DAX表达式的意思可以理解为，计算"订单记录"表中的"销售额"为"订单总额"的度量值。表达式中所包含的语法元素介绍如下。

- **销售总额**：表示度量值的名称。
- **等号（=）**：输入在公式的开头，用于自动返回结果。
- **SUM**：DAX函数，用于对"订单记录"表中"销售额"列内的所有数字求和。
- **括号**：函数的所有参数需要输入在括号中。
- **订单记录**：表示引用的表。
- **销售额**：表示表中所引用的列。

6.3.2 DAX公式中的运算符

DAX公式中的运算符包括算术运算符、比较运算符、逻辑运算符等，表6-1是这些常用运算符的类型和作用。

表6-1

运算符类型	作用
算术运算符	+（加法）
	-（减法/符号）
	*（乘法）
	/（除法）
	^（取幂）
比较运算符	=（等于）
	>（大于）
	<（小于）
	>=（大于或等于）
	<=（小于或等于）
	<>（不等于）
文本运算符	&（连接）
逻辑运算符	&&（和）
	‖（或）

6.3.3 DAX常用函数类型

DAX包含的函数类型很多，根据用途可以分为以下几类。

1. 聚合函数

SUM：求和。

AVERAGE：求平均值。

MIN：求最小值。

MAX：求最大值。

SUMX（以及其他末尾带X的函数）：以X结尾的特殊聚合函数可同时处理多列。这些函数循环访问表，并为每一行计算表达式。

2. 记数函数

COUNT：对数值进行记数。

COUNTA：对非空值进行记数。

COUNTBLANK：对空值进行记数。

COUNTROWS：对行数进行记数。

DISTINCTCOUNT：对不同值的数量进行记数。

3. 日期函数

NOW：返回当前时间。

DATE：返回日期。

HOUR：返回小时数值。

WEEKDAY：返回日期对应的星期。

EOMONTH：返回指定月份之前或之后月份的最后一天。

4. 文本函数

CONCATENATE：连接两个文本字符串使字符串变为一个。

REPLACE：替换文本。

SEARCH：搜索文本。

UPPER：将字母转换为大写。

FIXED：将数字舍入到指定的小数位数，并以文本形式返回结果。

5. 逻辑函数

DAX中的逻辑函数包括AND、OR、NOT、IF、IFERROR。

6. 信息函数

ISBLANK：是否为空。

ISNUMBER：是否为数字。

ISTEXT：是否为TEXT文本。

ISNONTEXT：是否不是文本。

ISERROR：是否为错误。

Excel与Power BI数据分析及可视化标准教程（实战微课版）

6.4 DAX的基本应用

下面将使用DAX在Power BI Desktop中创建度量值、计算值以及计算表。

6.4.1 创建度量值

度量值用于求和、求平均值、求最大或最小值、记数等常见数据分析。与计算列相比，度量值表示的是单个值而非一列值。在Power BI Desktop中可以在"报表视图"或"数据视图"中创建和使用度量值。

动手练 创建"销售总金额"度量值 ──────────

下面在"商品信息"表中，创建一个名为"销售总金额"的度量值，用于计算"销售明细"表中"商品金额"列中所有值的总和。

Step 01 在报表视图中的"数据"选项卡中选择"销售明细"表，此时功能区中会自动显示"表工具"选项卡，在"计算"组中单击"新建度量值"按钮，图6-31所示。

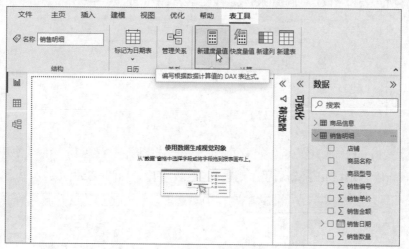

图 6-31

Step 02 "数据"窗格中的"订单金额"组内随即显示"度量值"字段，同时在功能区下方显示公式栏，如图6-32所示。

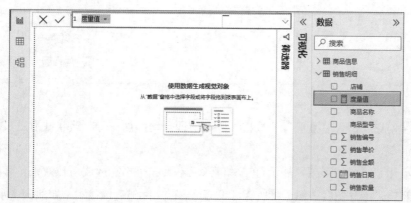

图 6-32

Step 03 在公式栏中输入公式"销售总金额=SUM(",当输入"("后,会出现下拉列表,显示当前Power BI Desktop中包含的所有表以及字段,此处在下拉列表中选择"'销售明细'[销售金额]",如图6-33所示。

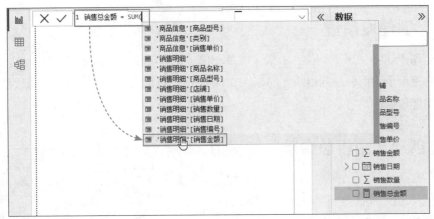

图 6-33

Step 04 所选表和字段信息随即被自动录入到公式中,如图6-34所示。

图 6-34

Step 05 按Enter键确认公式的录入,此时公式会自动补全右括号,在"数据"窗格中的"订单信息"表内可以看到已经新增了"销售总金额"字段,如图6-35所示。

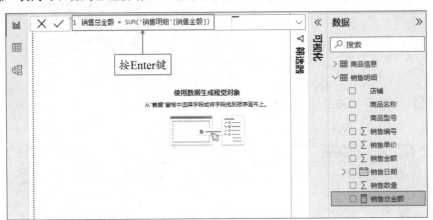

图 6-35

Step 06 勾选"销售总金额"复选框,画布随即自动添加一个"簇状柱形图"视觉对象,如图6-36所示。

Step 07 用"簇状柱形图"展示订单总额意义不大,也不能形成对比效果,可以在"可视化"窗格中单击"卡片图"按钮,将所有订单的总额以实际的数值显示,如图6-37所示。

Excel与Power BI数据分析及可视化标准教程(实战微课版)

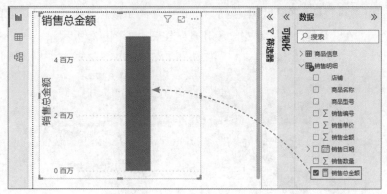

图 6-36

图 6-37

6.4.2 创建计算列

Power BI Desktop使用DAX公式是对整列或整个表中的数据进行计算。所以，创建的计算列中的值是由对每行数据进行计算后的结果组成的。

动手练 从其他表中获取字段

当Power BI Desktop中包含多个表，且要进行操作的两个表之间包含一对一关系的列，可以根据需要互换这两个表中的列。例如，销售数据表和商品信息表中包含的"商品编码"字段为一对一关系，下面使用"新建列"功能在"商品信息"表中获取"销售数据"表中的"品牌"字段，如图6-38所示。

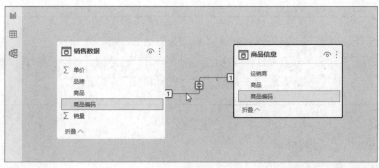

图 6-38

Step 01 打开数据视图，在"数据"窗格中选中"商品信息"表，此时功能区中自动显示"表工具"选项卡，在"计算"组中单击"新建列"按钮，如图6-39所示。

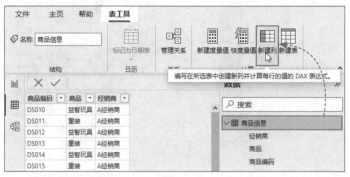

图 6-39

Step 02 在公式栏中输入"品牌=RELATED("，在自动弹出的提示列表中选择"'销售数据'[品牌]"，如图6-40所示。

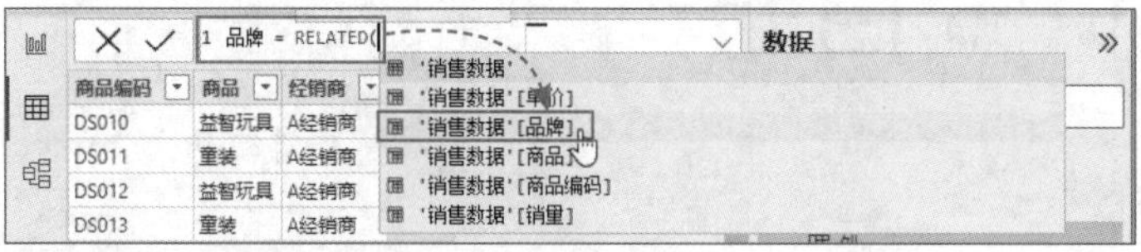

图 6-40

Step 03 公式输入完成后按Enter键，"销售信息"表中随即被添加一个"品牌"字段。该字段中的数据来源于"销售数据"表，如图6-41所示。

图 6-41

知识点拨

DAX中的RELATED函数与Excel中的VLOOKUP函数作用类似。RELATED函数可以根据给定的表名称以及字段名称提取相应的信息。"品牌=RELATED('销售数据'[品牌])"表示添加的新列名称为"品牌"，从"销售数据"表中的"品牌"列获取相应的数据。

动手练 创建销售金额计算字段

通过输入公式，还可以引用相关表中的字段进行计算，从而创建计算列。下面通过"销售数据"表中的"单价"和"销量"列，在"商品信息"表中添加"销售金额"计算列，两个表中初始包含的列如图6-42所示。

图 6-42

Step 01 参照"动手练：从其他表中获取字段"，在"商品信息"表中新建"单价"列，数据来源于"销售数据"表中的"单价"列，如图6-43所示。

商品编码	商品	经销商	品牌	单价
DS010	益智玩具	A经销商	361°	265
DS011	童装	A经销商	361°	302
DS012	益智玩具	A经销商	ABC Kids	202
DS013	童装	A经销商	ABC Kids	460
DS014	益智玩具	A经销商	Balabala	280
DS015	童装	A经销商	Balabala	219
DS016	益智玩具	B经销商	巴布豆	483
DS017	尿不湿	B经销商	帮宝适	322
DS018	护肤品	C经销商	贝亲	390
DS019	奶瓶	C经销商	贝亲	284
DS020	皮肤护理	C经销商	贝亲	275
DS021	洗浴用品	C经销商	贝亲	450
DS022	奶粉	C经销商	贝因美	445
DS023	奶瓶	F经销商	飞利浦	315
DS024	奶瓶	F经销商	好孩子	259

1 单价 = RELATED('销售数据'[单价])

图 6-43

Step 02 打开数据视图，在"数据"窗格中选择"商品信息"表，在"表工具"选项卡中单击"新建列"按钮，如图6-44所示。

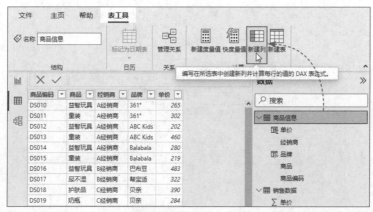

图 6-44

177

Step 03 在公式栏中输入公式"销售金额 = [单价]*RELATED('销售数据'[销量])"，输入公式时可以借助系统提供的下拉列表，在其中选择需要的字段或函数，公式输入完成后按Enter键。"商品信息"表中随即被添加"销售金额"计算字段，如图6-45所示。

图 6-45

6.4.3 创建合并列

使用"新建列"功能还可以合并指定列中的值。其操作方法非常简单，可以在公式中使用"&"作为连接符。

动手练 **将品牌和商品合并为一列**

下面合并"销售数据"表中的"品牌"和"商品"信息，创建结构为"品牌-商品"的合并列。

Step 01 打开报表视图，在"数据"窗格中选择"销售数据"表，在"表工具"选项卡的"计算"组中单击"新建列"按钮，如图6-46所示。

图 6-46

Step 02 在公式栏中输入"品牌和商品名称 = [品牌]&"-"&[商品]"，如图6-47所示。

图 6-47

Step 03 公式输入完成后按Enter键，"销售数据"表中随即创建"品牌和商品名称"字段，并显示数据的合并效果，如图6-48所示。

图 6-48

6.4.4 创建计算表

使用DAX数据分析表达式可以根据现有的数据或计算的数据在Power BI Desktop中创建新表，新表也可以加入数据模型，下面介绍如何创建计算表。

动手练 创建商品销售明细表

下面在Power BI Desktop中根据现有的表（包含"商品信息"和"销售数据"两个表）创建名称为"商品销售明细表"的新表。要求新表中包含"商品信息"表中的所有字段，以及"销售数据"表中的"品牌"和"销量"字段，另外添加"销售金额"字段（由"销售数据"表中的"销量"和"单价"两列生成的计算列）。

Step 01 打开数据视图，在"数据"窗格中选择任意一个表，在"表工具"选项卡的"计算"组中单击"新建表"按钮，如图6-50所示。

（右侧竖排）第6章 Power BI数据建模和新建计算

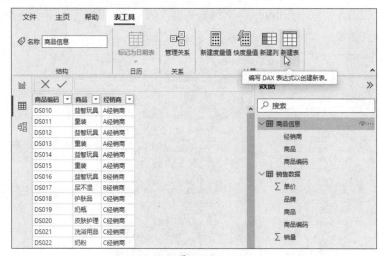

图 6-50

Step 02 在公式栏中输入"商品销售明细表 = ADDCOLUMNS('商品信息',"产品品牌", RELATED('销售数据'[品牌]),"销售数量",RELATED('销售数据'[销量]),"销售金额",RELATED('销售数据'[销量])*RELATED('销售数据'[单价]))",公式输入完成后按Enter键,即可完成新表的创建,如图6-51所示。

图 6-51

知识点拨

在报表视图中打开"建模"选项卡,通过"计算"组中的命令按钮也可以执行"新建度量值""新建列""新建表"等操作,如图6-52所示。

图 6-52

6.5 新手答疑

1. Q: 如何移动度量值的位置?

A: 度量值的创建位置不会对度量值的使用造成影响。不管创建在哪个表中,都可以在创建完成后将其移动到指定的表中。若要移动度量值,可以在"数据"窗格中将度量值字段选中,随后在"度量工具"选项卡的"结构"组中单击"主表"下拉按钮,在下拉列表中选择要移动到的表,如图6-53所示。

图 6-53

2. Q: 如何删除表中的新建字段?

A: 在"数据"窗格中右击需要删除的字段,在弹出的快捷菜单中选择"从模型中删除"选项,即可将该字段删除,如图6-54所示。

3. Q: 如何更改表名称?

A: 在"数据"窗格中双击表名称,表名称随即进入可编辑状态,重新输入表名称即可,如图6-55所示。另外,用户也可以在"数据"窗格中右击表名称,在弹出的快捷菜单中选择"重命名"选项,对表名称进行修改,如图6-56所示。

图 6-54

图 6-55

图 6-56

第6章 Power BI数据建模和新建计算

181

第 **7** 章
创建可视化报表

可视化报表是在Power BI Desktop中完成数据分析后所呈现的最终结果，可视化报表主要由各种视觉元素组成，一个报表中通常包含多个视觉元素，以满足用户从不同角度分析数据的需求。本章对可视化报表的创建、美化以及常见操作等进行详细介绍。

7.1 可视化对象的概念

Power BI Desktop通过向画布中添加视觉对象，并根据需要对视觉对象进行一系列编辑，生成可视化报表。

7.1.1 常见的视觉对象类型

Power BI中的视觉对象其实是各种类型的图表，通过视觉对象不仅可以交互数据，还可以钻取数据，而且图表的样式能够设置出十分丰富的效果。下面对常见的视觉对象类型进行介绍。

1. 条形图和柱形图

条形图用条状的长度比较数据的差异，柱形图利用柱状的高度反映数据的差异。适用于比较不同项目的数据排名、商品的销售情况等，条形图效果如图7-1所示，柱形图效果如图7-2所示。

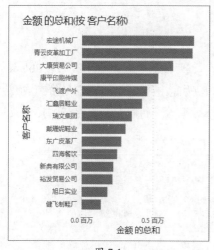

图 7-1

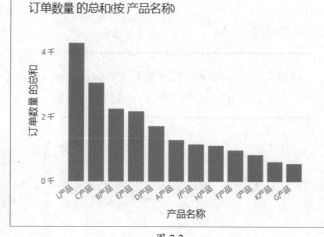

图 7-2

2. 饼图和环形图

饼图和圆环图用于显示部分与整体的关系，用于展示每一部分占总体的百分比。饼图和圆环图的区别在于饼图为实心，圆环图为空心，饼图效果如图7-3所示，圆环图效果如图7-4所示。

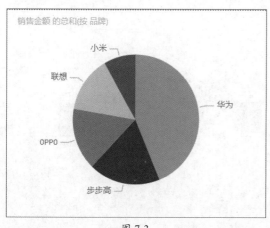

图 7-3

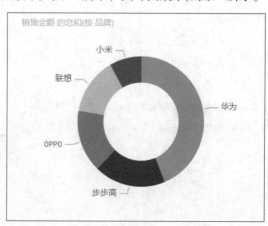

图 7-4

3. 折线图和分区图

折线图可以显示随时间推移而变化的趋势，适用于显示在相等时间间隔下的数据趋势，折线图效果如图7-5所示。分区图也称为面积图，是在折线图的基础上形成的，它将折线图中折线与自变量坐标轴之间的区域使用颜色或纹理进行填充，被填充的区域即面积，不同颜色的填充可以很好地突出趋势信息。分区图强调数量随时间变化的程度，容易引起用户对总趋势的注意。能够直观地呈现累计的数据，适用于表现趋势和关系，分区图效果如图7-6所示。

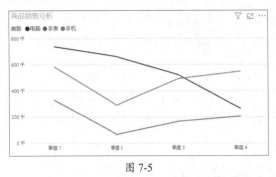

图 7-5　　　　　　　　　　　　　　　图 7-6

4. 卡片图和多行卡片

卡片图显示一个或多个数据点，单个数字卡片显示单个事实、单个数据点。有时在Power BI仪表板或报表中想要跟踪的最重要的信息就是一个数字，例如总销售额、同比市场份额或商机总数，卡片图效果如图7-7所示。多行卡片显示一个或多个数据点，每行一个，多行卡片效果如图7-8所示。

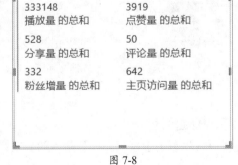

图 7-7　　　　　　　　　　　　　　　图 7-8

5. 瀑布图

瀑布图中数据点的形状如同瀑布一般挂起排列，因为其形状被称为瀑布图。瀑布图能够直观反映各项数据的增减变化，效果如图7-9所示。

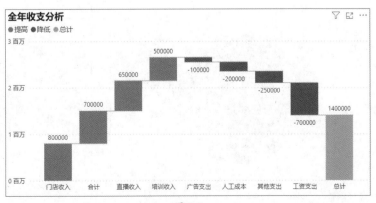

图 7-9

6. 漏斗图

漏斗图又称为倒三角图，由堆积条形图演变而来，适用于表示逐层分析的过程，漏斗图效果如图7-10所示。例如跟踪网店某产品的页面浏览量→收藏量→加购物车量→订单提交量→订单支付量→交易完成量。

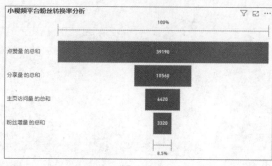

图 7-10

7. 仪表图

仪表图的形状是一个圆弧，并显示单个值，该值用于衡量针对目标的进度。仪表图使用直线（针）表示目标或目标值，使用明暗度表示针对目标的进度。表示进度的值在圆弧中以粗体显示，所有可能的值沿圆弧均匀分布，仪表图的效果如图7-11所示。

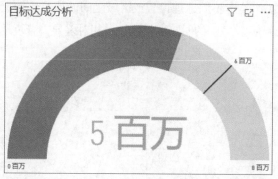

图 7-11

8. 树状图

树状图由不同颜色的矩形组成，矩形的大小表示值的大小。树状图具有层次结构，主矩形内可以嵌套其他矩形，矩形从左上方（最大）到右下方（最小）排列，一个矩形代表层次结构中的一个级别，树状图的效果如图7-12所示。

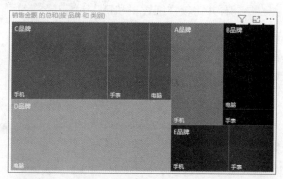

图 7-12

9. KPI

KPI（关键绩效指标）是一个视觉提示，用于传达针对可度量目标已完成的进度。适用于想要衡量进度是超前了还是落后了，以及超前了多少或落后了多少。例如，使用KPI图分析目标业绩和实际业绩的达成情况，目标业绩超过实际业绩的效果如图7-13所示，目标业绩低于实际业绩的效果如图7-14所示。

图 7-13

图 7-14

10. 地图和着色地图

使用基本地图可将分类和定量信息与空间位置相关联，地图的效果如图7-15所示。着色地图使用明暗度、颜色或图案显示不同地理位置或区域之间的值在比例上的不同。使用从浅（不太频繁/较低）到深（较频繁/较多）的明暗度快速显示相对差异，着色地图效果如图7-16所示。

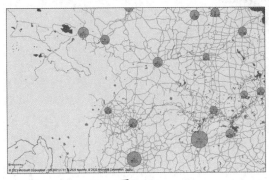

图 7-15

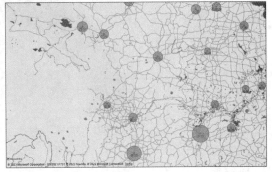

图 7-16

11. 表和矩阵

表是以逻辑序列的行和列表示的包含相关数据的网格，包含标题和合计行。若要查看并比较详细数据和精确值，而不是以视觉对象为表示形式时，可以使用表对象，表效果如图7-17所示。

矩阵视觉对象类似于表，表支持两个维度，且数据是平面结构，也就是说，表显示但不聚合重复值。使用矩阵，可以更轻松地跨多个维度有目的地显示数据，因为矩阵支持梯级布局。矩阵自动聚合数据，可用于向下钻取内容，效果如图7-18所示。

品牌	商品名称	销售数量 的总和	销售金额 的总和
A品牌	5G智能手机	181	652323
B品牌	儿童电话手表	168	101152
B品牌	台式电脑	137	548663
C品牌	4G智能手机	73	247860
C品牌	平板电脑	69	213681
C品牌	商务智能手表	91	266100
C品牌	运动智能手表	93	131980
C品牌	折叠屏手机	68	673754
D品牌	笔记本电脑	106	602000
D品牌	平板电脑	215	814920
E品牌	4G智能手机	107	333353
E品牌	商务智能手表	130	188400
E品牌	运动智能手表	94	72306
总计		**1532**	**4846492**

图 7-17

商品名称 品牌	4G智能手机 销售数量 的总和	销售金额 的总和	5G智能手机 销售数量 的总和	销售金额 的总和	笔记本电脑 销售数量 的总和
A品牌			181	652323	
B品牌					
C品牌	73	247860			
D品牌					106
E品牌	107	333353			
总计	**180**	**581213**	**181**	**652323**	**106**

图 7-18

7.1.2　多种方法创建视觉对象

Power BI Desktop中的视觉对象以图标形式保存在"可视化"窗格中,用户可以通过这些视觉对象图标快速创建或更改视觉对象的类型,如图7-19所示。

图 7-19

创建可视化对象的方法不止一种,下面介绍几种常用的方法。

1. 勾选字段创建可视化对象

首先在"可视化"窗格中单击需要使用的视觉对象类型,向画布中添加该类型的空白视觉对象,如图7-20所示。

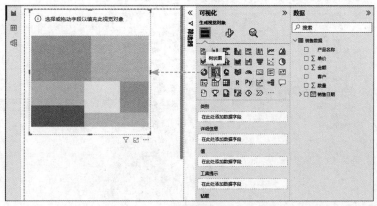

图 7-20

187

随后在"数据"窗格中勾选要分析的字段右侧的复选框，视觉对象中随即显示相应字段的数据，如图7-21所示。

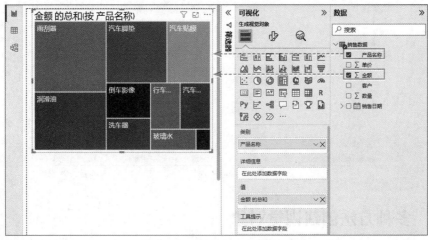

图 7-21

2. 向画布中拖曳字段创建可视化对象

在"数据"窗格中选择字段，按住鼠标左键向画布中拖动，如图7-22所示。

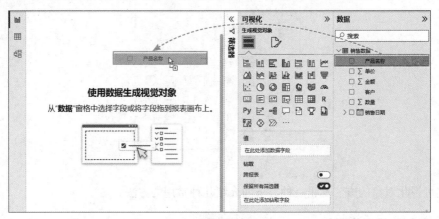

图 7-22

松开鼠标后，该字段中的数据自动创建视觉对象，随后继续从"数据"窗格中选择字段并向视觉对象上方拖动，向视觉对象中添加数据，如图7-23所示。

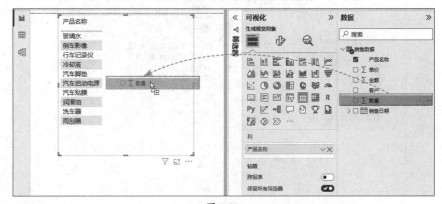

图 7-23

默认情况下，若向画布中添加的第一个字段是文本型或日期型，则会创建"表"视觉对象，如图7-24所示。若添加的第一个字段是数字类型，则会自动创建"簇状柱形图"视觉对象。

图 7-24

保持视觉对象为选中状态，在"可视化"窗格中单击需要的视觉对象按钮，则可将视觉对象的类型更改为所选类型，如图7-25所示。

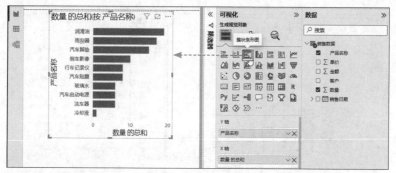

图 7-25

除了使用鼠标拖曳的方法，用户也可以直接在"数据"窗格中勾选字段复选框，向画布中添加视觉对象。其生成视觉对象的规则和只用鼠标拖曳的方法相同，如图7-26所示。

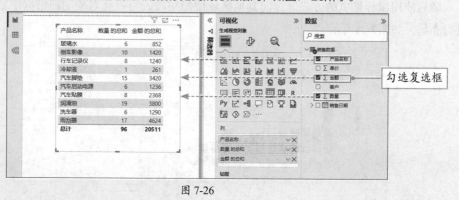

图 7-26

3. 向指定区域拖曳字段创建可视化对象

先在"可视化"窗格中单击需要使用的可视化对象图标，创建相应类型的空白可视化对象，如图7-27所示。

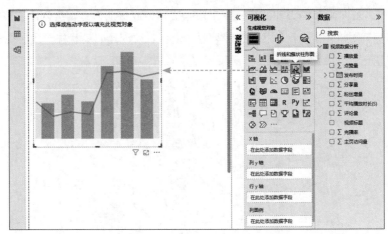

图 7-27

　　随后在"数据"窗格中选择字段，按住鼠标左键，向"可视化"窗格底部的指定区域拖动，如图7-28所示。

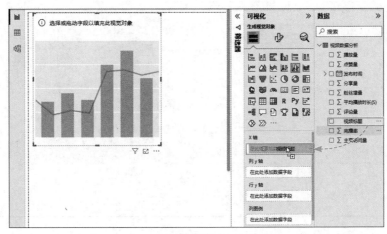

图 7-28

　　随后使用鼠标拖曳的方式继续向其他区域添加字段，可视化对象随即根据字段的放置位置进行布局，如图7-29所示。

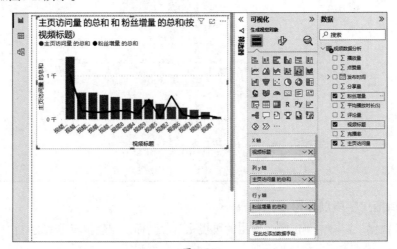

图 7-29

7.2 可视化对象的基本操作

在报表中创建视觉对象后，可以对视觉对象进行一些基本设置，以满足不同的数据分析要求。

7.2.1 调整视觉对象

报表页中的视觉对象可以根据需要进行移动，特别是当一个报表页中包含多个视觉对象时，移动视觉对象可以起到重新排列、对齐的作用。

动手练 移动视觉对象

使用鼠标拖曳的方法，可将视觉对象在当前画布中进行移动，具体操作方法如下。

Step 01 将光放置在要移动位置的视觉对象上方，如图7-30所示。

Step 02 按住鼠标左键向目标位置拖动，在拖动的过程中画布中会显示红色的参考线，方便与旁边的视觉对象对齐，拖动到合适的位置后松开鼠标即可，如图7-31所示。

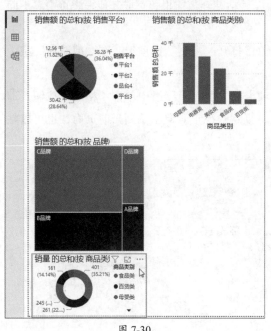

图 7-30

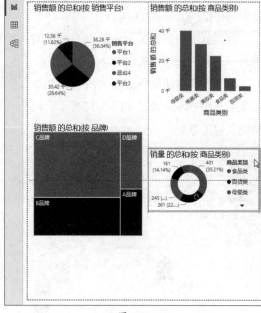

图 7-31

动手练 设置视觉对象的大小

用户还可以根据需要对视觉对象的大小进行调整。具体操作方法如下。

Step 01 当选中某个视觉对象后，该视觉对象周围会出现8个控制点，将光标移动到合适的控制点上方，光标会变为双向箭头，如图7-32所示。

Step 02 按住鼠标左键进行拖动，即可调整视觉对象的大小，效果如图7-33所示。

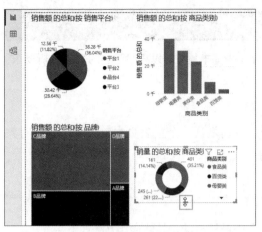

图 7-32

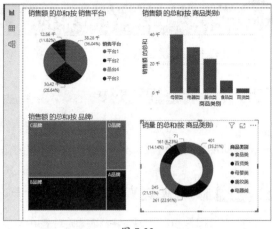

图 7-33

7.2.2 复制视觉对象

用户可以在Power BI Desktop中复制视觉对象，并粘贴到当前报表页或其他报表页中。下面介绍具体操作方法。

Step 01 在报表视图中选择要复制的视觉对象，打开"主页"选项卡，在"剪贴板"组中单击"复制"按钮，如图7-34所示。

Step 02 切换到其他报表页，在"主页"选项卡的"剪贴板"组中单击"粘贴"按钮，即可复制一份视觉对象，如图7-35所示。用户可以将复制的视觉对象粘贴到当前页面，也可以粘贴到其他报表页。

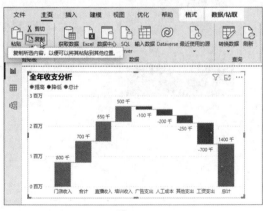

图 7-34

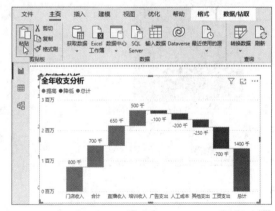

图 7-35

知识点拨

用户也可按Ctrl+C快捷键复制视觉对象，按Ctrl+V快捷键将复制的视觉对象粘贴到当前报表页或指定的报表页。

动手练 更改视觉对象的类型

创建视觉对象后，若对视觉对象的类型不满意，可修改其类型。修改视觉对象的类型非常简单。

选中视觉对象，随后在"可视化"窗格中单击要更改为的视觉对象图标，所选视觉对象的类型随即被更改，如图7-36所示。

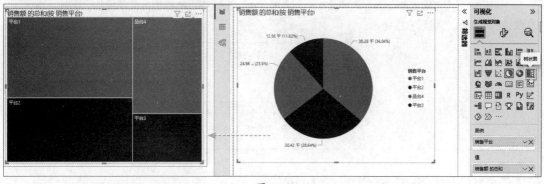

图 7-36

7.2.3　切换焦点模式

为了清晰查看视觉对象的各部分细节，可以将视觉对象切换为焦点模式。单击视觉对象右上角的"焦点模式"按钮，如图7-37所示。

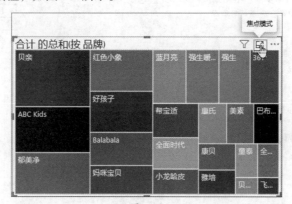

图 7-37

当前视觉对象随即以最大化显示方式占满整个画布，若要恢复原始大小，可单击视觉对象左上角的"返回到报表"按钮，如图7-38所示。

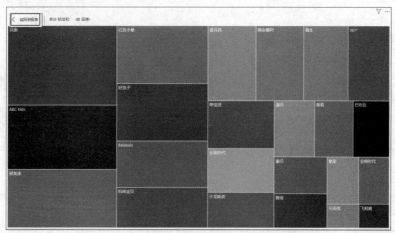

图 7-38

用户也可通过缩放画布的方式调整视觉对象的大小。在状态栏的右侧拖动"缩放"滑块，即可快速缩放画布，如图7-39所示。

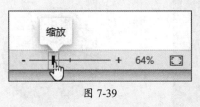

图 7-39

动手练 在表中查看视觉对象数据

与视觉对象关联的数据能够以表的形式显示，下面介绍具体操作方法。

Step 01 单击视觉对象右上角的 ▪▪▪ 按钮（或右击视觉对象），在弹出的快捷菜单中选择"以表的形式显示"选项，如图7-40所示。

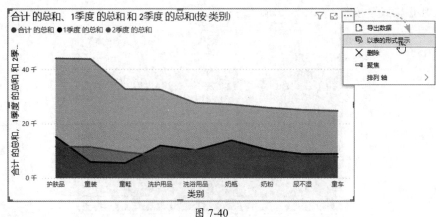

图 7-40

Step 02 视觉对象随即以类似焦点模式的方式显示，并在下方显示与其关联的数据表。单击视觉对象左上角的"返回到报表"按钮可返回原始状态，如图7-41所示。

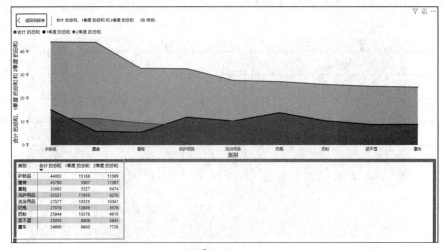

图 7-41

7.2.4　设置视觉对象的格式

视觉对象的外观格式可以通过"可视化"窗格中提供的选项进行设置。选中视觉对象后，"可视化"窗格中会显示◢（设置视觉对象格式）和◓（向视觉对象添加进一步分析）按钮。

单击◢按钮，在打开的选项卡中包含"视觉对象"和"常规"两个选项卡，用户可以通过这两个选项卡中包含的命令或选项，对视觉对象中的元素以及视觉对象的效果进行设置，如图7-42、图7-43所示。

图 7-42　　　　　　　　　　图 7-43

默认情况下窗格中的所有选项组均为折叠状态，单击可将选项组展开，选项组被展开后可以看到更多相关选项，例如，单击"数据标签"选项，在展开的组中可以对数据标签的字体、效果、颜色、单位等进行设置，如图7-44所示。

另外，通过选项组右侧的◙◙按钮，还可以控制当前元素是否在可视化对象中显示，例如在"常规"选项卡中包含"标题"选项组，单击该组右侧的◙◙按钮，使其变为◉样式，可将视觉对象中的标题隐藏，如图7-45所示。

图 7-44　　　　　　　　　　图 7-45

动手练 创建仪表图

仪表属于比较常用的视觉对象，下面根据"销售金额"字段创建仪表图，并设置仪表的最小值、最大值以及目标值。

Step 01 打开"可视化"窗格，单击"仪表"按钮，在画布中添加一份空白仪表图，如图7-46所示。

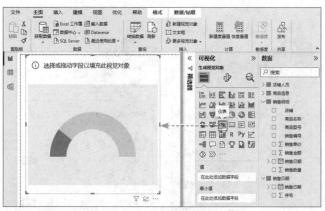

图 7-46

Step 02 在"数据"窗格中的"销售明细"表内勾选"销售金额"复选框，仪表中随即显示销售金额的总和，此时仪表的默认范围为0～10百万，如图7-47所示。

图 7-47

Step 03 保持仪表图为选中状态，在"可视化"窗格中单击⬛按钮，在"视觉对象"选项卡中展开"测量轴"选项组，在该组中设置"最小"为"0"、"最大"为"7000000"、"目标"为"6000000"，仪表图随即根据设置的值发生相应更改，如图7-48所示。

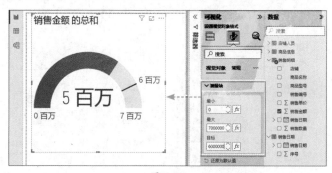

图 7-48

Excel与Power BI数据分析及可视化标准教程（实战微课版）

动手练 设置组合图的效果

当要执行操作的视觉对象不同时，"可视化"窗格中根据视觉对象的类型提供不同的操作选项。下面以设置组合图的效果为例，介绍设置视觉对象格式的常用方法。该组合图的初始效果如图7-49所示。

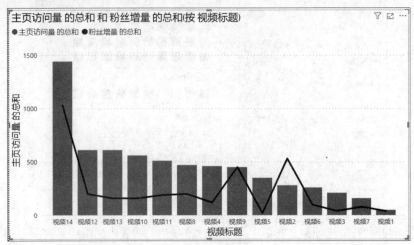

图 7-49

Step 01 选中组合图，在"可视化"窗格中单击 按钮，在"视觉对象"选项卡中展开"X轴"和"Y轴"，分别将这两组中的"标题"按钮设置为关闭状态，将视觉对象中的X轴和Y轴标题隐藏，如图7-50所示。

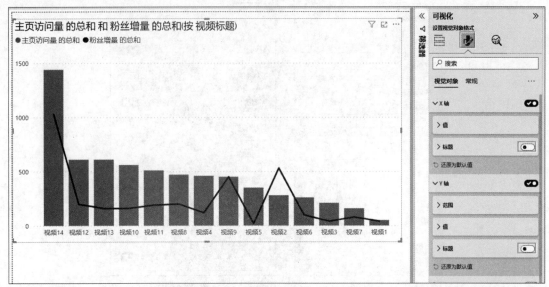

图 7-50

Step 02 展开"列"选项组，随后展开该组中的"颜色"组，单击默认值下方的颜色下拉按钮，如图7-51所示。

Step 03 在展开的颜色列表中选择需要的颜色，视觉对象中的柱形系列颜色随即被更改，如图7-52所示。

图 7-51

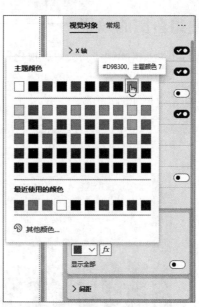

图 7-52

Step 04 展开"行"选项组，参照上一步骤修改颜色，图表中的折线系列颜色即可被更改，如图7-53所示。

Step 05 单击"标记"组右击的开关按钮，将其设置为开启状态，向折线系列中添加标记点，如图7-54所示。

图 7-53

图 7-54

Step 06 单击"数据标签"组右侧的开关按钮，设置为开启状态，随后展开该选项组，设置"数据系列"为"主页访问量 的总和"，单击其下方的开关按钮，设置为开启状态，为视觉对象中的柱形系列添加数据标签，如图7-55所示。

Step 07 切换到"常规"选项卡，展开"标题"选项组，在"文本"文本框中输入文本内容，为视觉对象设置标题，如图7-56所示。

图 7-55

图 7-56

Step 08 组合图视觉对象的设置效果如图7-57所示。

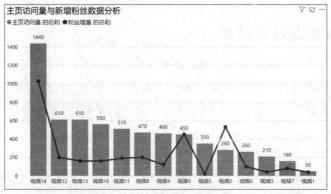

图 7-57

动手练 在视觉对象中添加缩放滑块

在视觉对象中可以为Y轴添加缩放滑块，通过控制滑块快速缩放视觉对象的数据取值范围。下面介绍具体的操作方法。

Step 01 选中视觉对象，在"可视化"窗格中单击 按钮，在"视觉对象"选项卡中单击"缩放滑块"右侧的开关按钮，设置为开启状态，打开该选项组，将"Y轴""辅助Y轴""滑块标签"右侧的开关按钮全部打开，如图7-58所示。

图 7-58

Step 02 可视化对象中的"Y轴"以及"辅助Y轴"位置被添加了缩放滑块，拖动缩放滑块两端的圆形控制点，可以控制相应数据系列的取值范围，如图7-59所示。

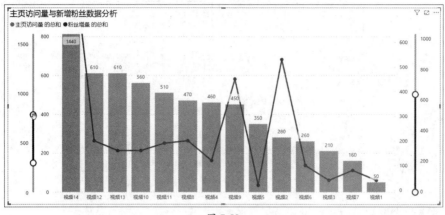

图 7-59

7.2.5 导出视觉对象数据

除了可以查看与视觉对象关联的数据，还可以导出这些关联数据。单击视觉对象右上角的按钮，在弹出的菜单中选择"导出数据"选项，如图7-60所示。打开"另存为"对话框，选择文件的导出位置，并设置文件名，默认的保存类型为"CSV File（*.csv）"，单击"保存"按钮即可，如图7-61所示。

图 7-60

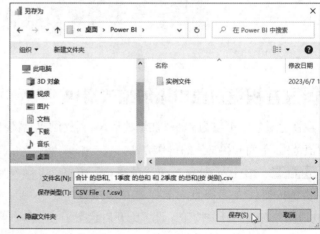

图 7-61

7.3 报表的基本操作

一个Power BI Desktop文件可以包含多个报表页，所有视觉对象均在报表页中显示。下面对报表的创建、添加视觉对象、添加或移动报表页、重命名报表页等基本操作进行介绍。

7.3.1 报表页的添加和重命名

Power BI Desktop默认包含一张名称为"第1页"的报表页。当用户需要在多个报表页中创建可视化对象时，需要添加报表页。下面介绍报表页的添加及重命名方法。

动手练 添加报表页

添加报表页的方法非常简单，而且操作方法不止一种，下面介绍常用的操作方法。

Step 01 单击页选项卡右侧的"新建页"按钮，如图7-62所示。

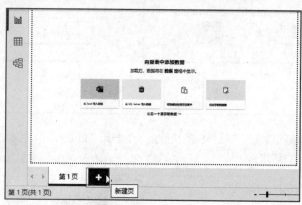

图 7-62

Step 02 Power BI Desktop中被添加一张报表页，默认名称为"第2页"，如图7-63所示。

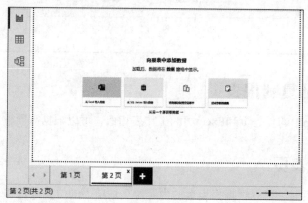

图 7-63

知识点拨

除了上述方法，用户也可以通过功能区中的命令添加报表页。具体操作方法如下。在报表视图中打开"插入"选项卡，在"页"组中单击"新建页"下拉按钮，在下拉列表中选择"空白页"选项，如图7-64所示。

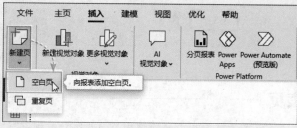

图 7-64

动手练 重命名报表页

为了便于识别报表的内容，可以为报表页重命名。重命名报表页也有多种操作方法。

Step 01 双击需要修改名称的报表页选项卡，名称变为可编辑状态，如图7-65所示。

Step 02 直接输入新的名称，输入完成后按Enter键确认修改，如图7-66所示。

图 7-65

图 7-66

知识点拨

用户也可右击报表页选项卡，在弹出的快捷菜单中选择"重命名页"选项，报表页选项卡进入可编辑状态，如图7-67所示。

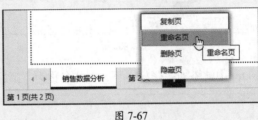

图 7-67

7.3.2 移动和复制报表页

Power BI Desktop中的报表页和Excel中的工作表相似，可以根据需要进行移动或复制。

动手练 移动报表页

当报表页多于1页时，可以根据报表页的内容对页选项卡的位置进行移动，例如将"第1页"移动到"第4页"右侧，具体操作方法如下。

Step 01 将光标放在"第1页"页选项卡上方，按住鼠标左键向"第4页"拖动，当"第4页"页选项卡上方出现一条黑色粗实线时松开鼠标，如图7-68所示。

Step 02 "第1页"被移动到"第4页"右侧，如图7-69所示。

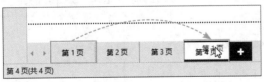

图 7-68

图 7-69

动手练 复制报表页

右击需要复制的报表页选项卡，在弹出的快捷菜单中选择"复制页"选项，如图7-70所示。被复制的报表页自动显示在所有报表的最右侧，名称中显示"的副本"字样，如图7-71所示。

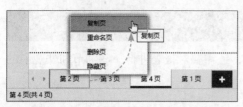

图 7-70

图 7-71

知识点拨

在报表视图中打开"插入"选项卡,在"页"组中单击"新建页"下拉按钮,在下拉列表中选择"重复页"选项,可以复制当前打开的报表页,如图7-72所示。

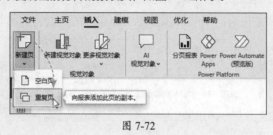

图 7-72

7.3.3 隐藏和删除报表页

右击报表页选项卡,弹出的快捷菜单中"删除页"和"隐藏页"两个选项还可对指定的报表页执行隐藏或删除操作,如图7-73所示。

执行"删除页"操作后弹出"删除此页"对话框,单击"删除"按钮可将所选报表页删除,如图7-74所示。

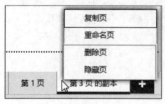

图 7-73

图 7-74

执行"隐藏页"操作后,被隐藏的报表页仍然会在Power BI Desktop中显示,但是在发布报表时,可以选择不显示隐藏的报表页。设置为隐藏状态的报表页名称左侧会显示图标,如图7-75所示。

若要取消报表页的隐藏可以右击报表页选项卡,在弹出的快捷菜单中可以看到"隐藏页"选项左侧显示一个绿色的√,选择该选项即可取消隐藏,如图7-76所示。

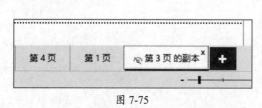

图 7-75

图 7-76

7.4 报表的美化

为了让报表更完善，也为了让报表看起来更美观，还需要对报表进行一些细节和外观上的处理。

7.4.1 插入图形元素

报表中除了可以添加各种图表类型的动态视觉对象，还可以添加一些包括文本框、形状、图片在内的静态视觉对象。

在报表视图中打开"插入"选项卡，在"元素"组中包含"文本框""按钮""形状""图像"四个按钮。通过这些按钮可向当前报表页中添加相应的元素，如图7-77所示。

图 7-77

动手练 制作报表标题

报表的标题可以通过文本框元素来制作，具体操作方法如下。

Step 01 在报表视图中打开"插入"选项卡，在"元素"组中单击"文本框"按钮，画布中自动添加一个空白文本框，在文本框的旁边显示一个浮动工具栏，其中包含用于设置字体格式的各种按钮，如图7-78所示。

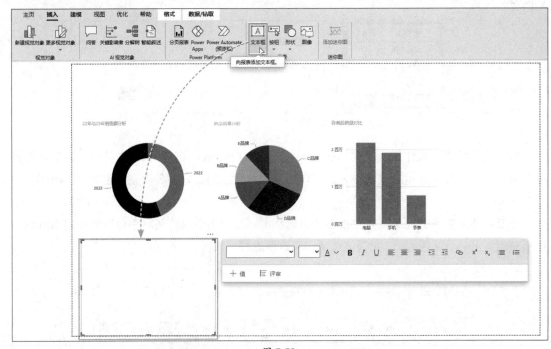

图 7-78

Step 02 在文本框中输入标题内容，随后将内容选中，通过浮动工具栏中的选项设置字体、字号、字体颜色等，最后调整好文本框的大小，如图7-79所示。

图 7-79

Step 03 将文本框拖动到合适位置即可完成报表标题的制作，如图7-80所示。

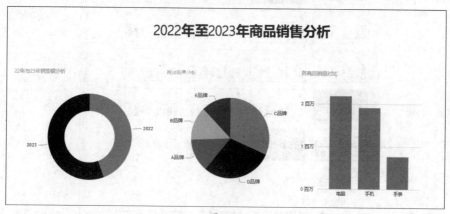

图 7-80

7.4.2 快速更改报表主题

Power BI Desktop提供很多内置的主题，使用不同的主题可以快速获得统一的配色和格式。下面介绍如何切换主题。

在报表视图中打开"视图"选项卡，单击"主题"组中的下拉按钮，下拉列表中包含很多内置的主题，单击即可应用，如图7-81所示。

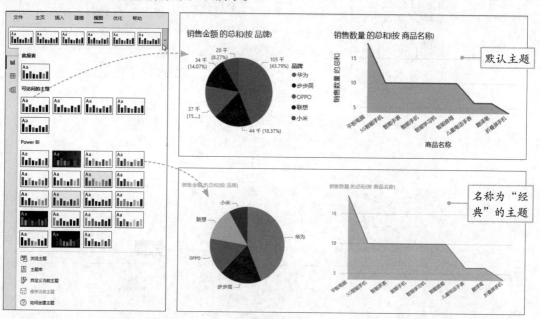

图 7-81

动手练 **自定义主题**

　　除了选择内置的主题，用户也可以自定义主题，对名称和颜色、文本、视觉对象等的效果进行设置。

Step 01 在"主题"下拉列表底部选择"自定义当前主题"选项，如图7-82所示。

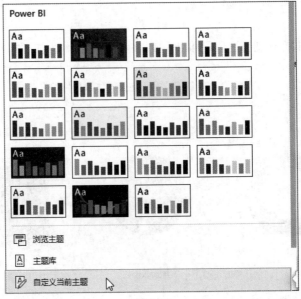

图 7-82

　　Step 02 打开"自定义主题"对话框，通过其中的选项自定义主题的颜色、名称、文本等，如图7-83所示。

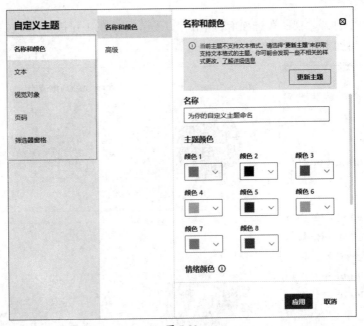

图 7-83

7.4.3　调整画布的大小和对齐方式

Power BI Desktop中画布默认使用16：9的比例，在页面中对齐方式为顶端对齐。在"可视化"窗格中可以对画布的大小和布局进行调整。

在"可视化"窗格中打开"设置页面格式"选项卡，单击"画布设置"，展开所有选项。单击"类型"下拉按钮，下拉列表中包含"16：09""4：03""信件""工具提示"四种类型的内置比例，以及"自定义"选项。选择任意一种内置比例，即可快速将画布调整为相应尺寸比例。若要自定义画布尺寸，可以单击"自定义"选项，如图7-84所示。

在"高度（像素）"和"宽度（像素）"文本框中输入具体数值，画布随即被设置为相应尺寸，如图7-85所示。

若要调整画布在页面中的对齐方法，可以单击"垂直对齐"下拉按钮，在下拉列表中选择"中"选项，即可将画布设置为垂直居中显示，如图7-86所示。

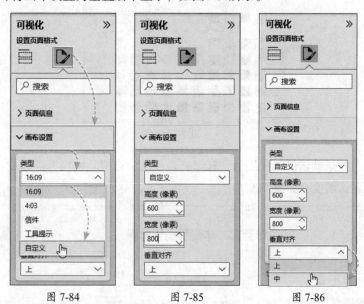

图 7-84　　　　　图 7-85　　　　　图 7-86

动手练 设置画布和页面背景

报表中画布和页面的背景默认为白色，用户还可以根据需要设置画布或页面的背景。背景的效果包括纯色和图片两种，如图7-87所示。下面介绍如何为画布设置纯色背景。

图 7-87

Step 01 在"可视化"窗格中打开"设置页面格式"选项卡，单击"画布背景"组，在展开的选项组中单击"颜色"下拉按钮，在颜色列表中选择需要的颜色，如图7-88所示。

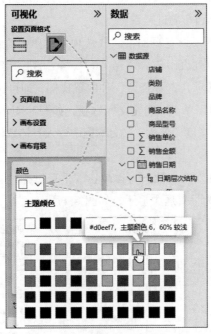

图 7-88

Step 02 纯色背景默认的透明度为"100%"，即完全透明。用户可以通过调节"透明度"值控制背景颜色的透明度，如图7-89所示。

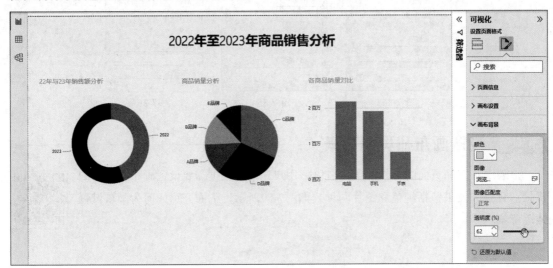

图 7-89

知识点拨

在"可视化"窗格中打开"设置页面格式"选项卡，通过"壁纸"组中的选项还可以设置页面的背景效果，如图7-90所示。

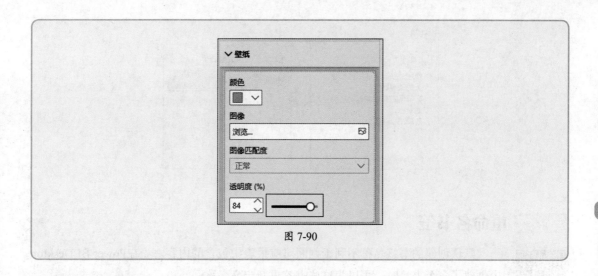

图 7-90

7.5 使用书签创建报表页导航

Power BI Desktop中的"书签"可以记录报表页面的位置。通过书签可以在执行其他操作时快速跳转回想要看的页面，类似超链接功能。

7.5.1 创建书签

书签的创建方法很简单。创建书签时窗口右侧自动显示"书签"窗格，用户可通过该窗格对"书签"进行一系列操作。

Step 01 在报表视图中打开"视图"选项卡，在"显示窗格"中单击"书签"按钮，窗口右侧随即显示"书签"窗格，如图7-91所示。

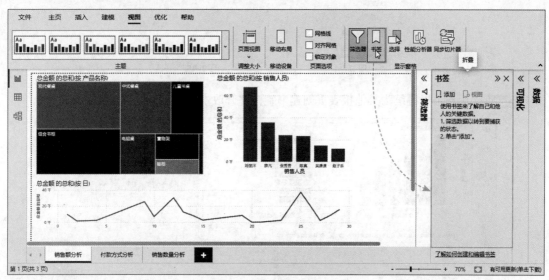

图 7-91

Step 02 在"书签"窗格中单击"添加"按钮，如图7-92所示。

Step 03 当前打开的报表页被添加为书签，默认书签名称为"书签1"，如图7-93所示。

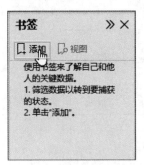

图 7-92　　　　　　　　　　　图 7-93

动手练　**重命名书签**

　　默认创建的书签名称不利于判断对应报表中包含的内容。当在Power BI Desktop中创建了多个书签时，可以为这些书签重新定义名称。

　　Step 01　在"书签"窗格中右击"书签1"，在弹出的快捷菜单中选择"重命名"选项，如图7-94所示。

　　Step 02　书签名称变为可编辑状态，输入标签名称为"销售额分析"，输入完成后按Enter键确认，如图7-95所示。

图 7-94　　　　　　　　　　　图 7-95

　　Step 03　用户可以继续为其他报表页创建书签，并修改书签名称，如图7-96所示。

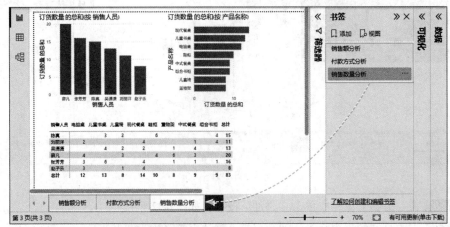

图 7-96

7.5.2 放映书签

书签创建完成后可以放映书签。通过放映书签，可以像浏览幻灯片一样快速浏览Power BI Desktop中的报表页。

Step 01 所有书签添加完成后，在"书签"窗格中单击"视图"按钮，如图7-97所示。

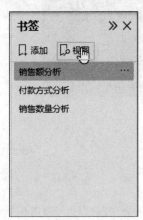

图 7-97

Step 02 被添加了书签的报表切换为放映模式。书签名称显示在画布底部的书签标题栏中，通过书签标题栏右侧的左、右箭头，可以快速移动到上一个或下一个书签所对应的页面。若要退出放映模式，可以单击书签栏最右侧的"关闭"按钮，或单击"书签"窗格中的"退出"按钮，如图7-98所示。

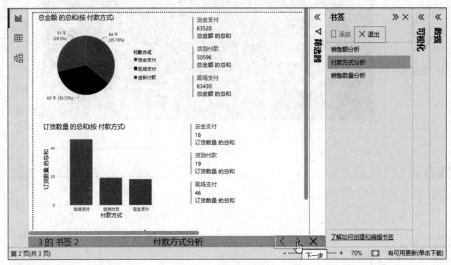

图 7-98

7.5.3 将书签链接到按钮

在报表页中创建按钮，并将书签链接到按钮，便可通过单击按钮快速访问指定的报表页。下面对按钮的制作方法以及如何链接书签进行详细介绍。

Step 01 打开"插入"选项卡，在"元素"组中单击"按钮"下拉按钮，在下拉列表中选择"空白"选项，如图7-99所示。

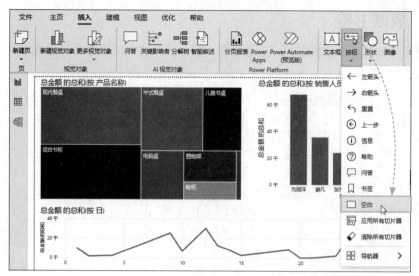

图 7-99

Step 02 当前报表页中被插入一个空白按钮。该按钮默认在画布左上角显示，使用鼠标拖动可改变按钮的位置，如图7-100所示。

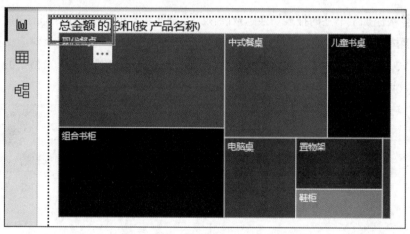

图 7-100

Step 03 选中空白按钮后，窗口右侧自动显示"格式"窗格，在该窗格的"按钮"选项卡中单击"操作"选项，在展开的选项中单击"类型"下拉按钮，选择"书签"选项，如图7-101所示。

Step 04 单击"书签"下拉按钮，在下拉列表中选择"销售额分析"选项，将指定的报表链接到书签，如图7-102所示。

Step 05 在"格式"窗格中单击"样式"选项，打开"文本"组，在"文本"文本框中输入"销售额分析"（该内容会显示在空白按钮中），设置字体、字号、字体效果、字体颜色等，如图7-103所示。

Step 06 调整好按钮的大小，第一个按钮便设置好了，效果如图7-104所示。

Step 07 参照上述方法，继续向当前报表中添加其他按钮，同时设置每个按钮要链接的页面，如图7-105所示。

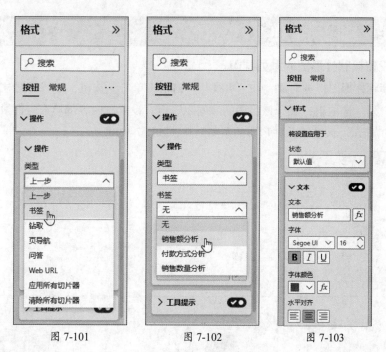

图 7-101   图 7-102   图 7-103

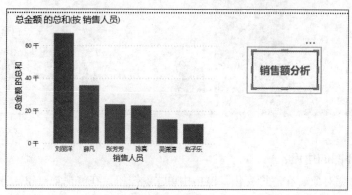

图 7-104

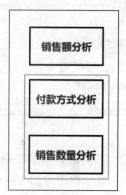

图 7-105

Step 08 选中三个按钮，按Ctrl+C组合键复制，依次打开其他报表页，按Ctrl+V组合键粘贴，让每个报表页中都包含这三个按钮。在任意报表页中，按住Ctrl键单击按钮，即可立即访问对应的页面，如图7-106所示。

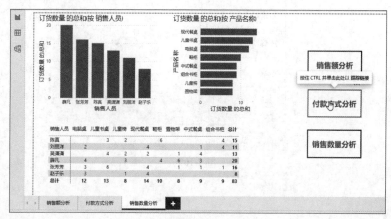

图 7-106

213

7.6 新手答疑

1. Q: 如何设置簇状柱形图的系列间隙？

A: 选中簇状柱形图视觉对象，在"可视化"窗格中单击 按钮，在"视觉对象"选项卡中展开"列"选项组，展开该组中的"间距"组，设置"内容部填充（像素）"的值，如图7-107所示。调整簇状柱形图的系列间隙，如图7-108所示。

图 7-107

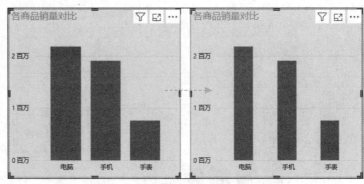

图 7-108

2. Q: 如何旋转饼图或圆环图的角度？

A: 选中饼图或圆环图视觉对象，在"可视化"窗格中单击 按钮，在"视觉对象"选项卡中展开"旋转"选项组，设置"旋转"值调整饼图或圆环图的角度，如图7-109所示。

图 7-109

Excel与Power BI数据分析及可视化标准教程（实战微课版）

第8章
分析可视化对象

创建视觉对象后，可以通过一些交互方式分析可视化对象，例如对数据进行分组和装箱，对视觉对象进行排序、筛选，钻取数据查看不同层级的数据等。

8.1 在视觉对象中排序

用户可以更改视觉对象的排序方式，确保视觉对象反映相关趋势或突出显示重点信息。

8.1.1 设置排序字段

Power BI中的视觉对象其实就是各种类型的图表。通过视觉对象不仅可以交互数据，当视觉对象中包含多个字段的数据时，还可以根据需要选择排序字段以及排序方式。下面以簇状柱形图为例，该簇状柱形图的X轴为日期层次结构中的"月份"信息，Y轴为销售金额，默认情况下簇状柱形图按照销售金额的总和从高到低排序。

Step 01 选中要设置排序的视觉对象，单击右上角 ⋯ 按钮，在展开的列表中选择"排列轴"选项，在其下级列表中选择"月份"选项，如图8-1所示。

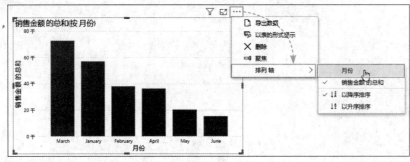

图 8-1

Step 02 排序的字段发生更改，簇状柱形图已经按照月份降序进行排序，如图8-2所示。

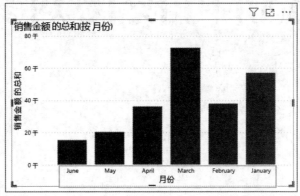

图 8-2

8.1.2 更改排序方式

设置排序的字段后，还可以修改默认的排序方式。例如将月份从默认的"以降序排序"更改为"以升序排序"。

Step 01 选中视觉对象，单击右上角 ⋯ 按钮，在展开的列表中选择"排列 轴"选项，在其下级列表中选择"以升序排序"选项，如图8-3所示。

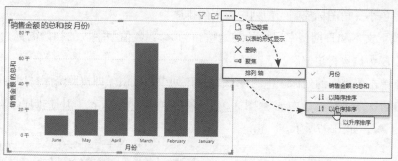

图 8-3

Step 02 簇状柱形图按照月份升序进行排序，如图8-4所示。

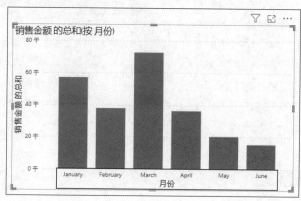

图 8-4

知识点拨

当视觉对象中的字段添加在不同区域时，视觉对象会提供相应的排列选项。例如，分别向X轴、Y轴、图例以及小型序列图区域中添加字段。单击视觉对象右上角的 ⋯ 按钮，在下拉列表中可以看到相应的多个排列选项，如图8-5所示。

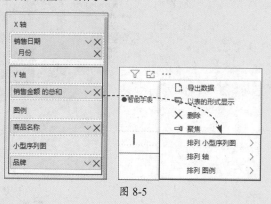

图 8-5

动手练 对表对象进行排序

表对象的排序和视觉对象的排序方法稍有不同，用户可以根据每列提供的按钮快速对目标列进行排序。

将光标移动到表对象中的任意一个列标题处，该标题下方随即出现黑色小三角图标，用户可通过单击黑色小三角图标控制当前列中数据的排序。

默认情况下文本和日期型字段中的初始按钮为 ▲，数值型字段的初始图标为 ▼。下面以排序数值型字段为例进行讲解。

Step 01 单击要排序的列标题中的 ▼ 图标，该列中的数值随即按照降序排序，如图8-6所示。

Step 02 再次单击该标题中的 ▼ 图标，可将该列中的数值设置为升序排序，同时该列标题中的按钮变为 ▲，如图8-7所示。

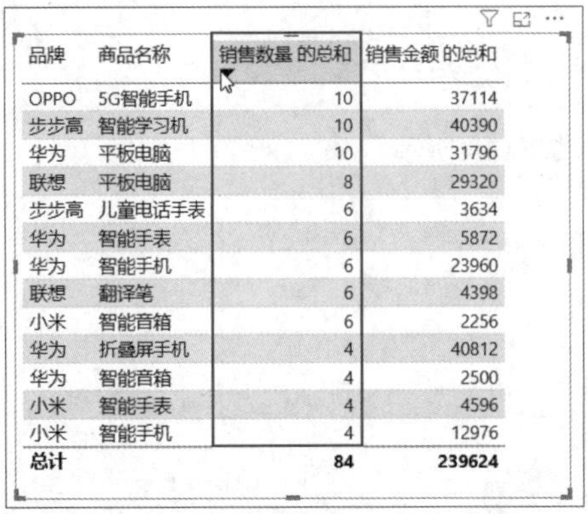

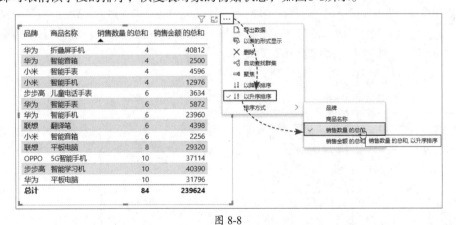

图 8-6   图 8-7

8.1.3 取消排序

若要取消排序，可以单击视觉对象右上角的 ⋯ 按钮，在展开的列表中选择"排序方式"选项，在其下级列表中显示表对象中的所有字段，执行过筛选的字段左侧显示☑，单击显示☑的选项，即可取消该字段的排序，恢复表对象的初始状态，如图8-8所示。

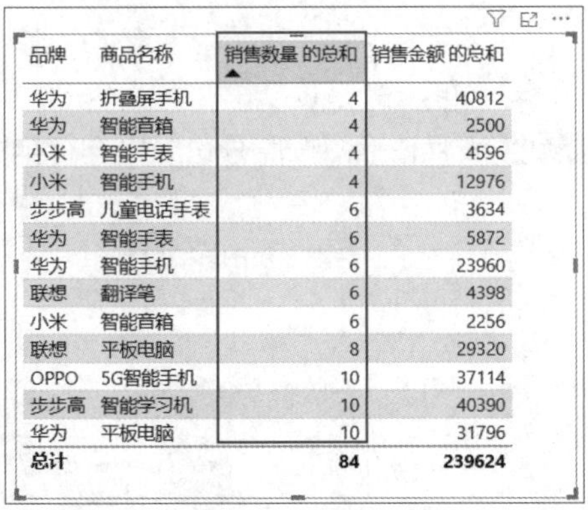

图 8-8

8.2 筛选视觉对象

创建可视化报表后，对报表进行筛选可以查看更多动态效果，从而探索数据更深层的意义。

8.2.1 视觉对象的交叉筛选

当一个报表页中包含多个视觉对象时，可以通过对任意一个视觉对象进行筛选，突出显示其他视觉对象中相关联的数据。例如报表页中添加多个视觉对象分析客户订单金额、产品加工天数、订单总额和订单总数量。默认情况下条形图中的所有系列全部高亮显示，以卡片图形式显示的视觉对象中显示当前字段的总和，如图8-9所示。

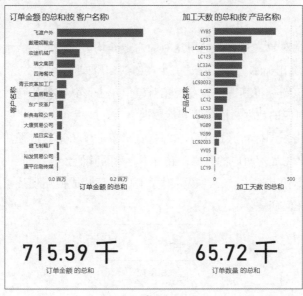

图 8-9

在左上角视觉对象中单击"宏途机械厂"条形系列，右侧视觉对象中和所选系列相关的数据随即被高亮显示，下方两个卡片图中也只显示"宏途机械厂"的订单金额和订单数量，如图8-10所示。

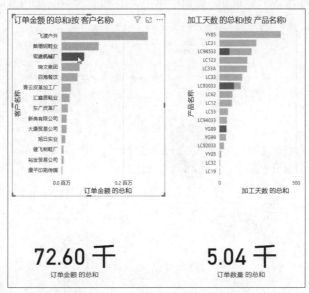

图 8-10

8.2.2　更改交互方式

若想改变交互方式，可以通过"编辑交互"功能来实现。在报表页中选中任意一个视觉对象，打开"格式"选项卡，在"交互"组中单击"编辑交互"按钮，如图8-11所示。

219

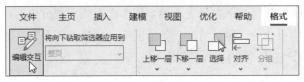

图 8-11

除了被选中的视觉对象之外，其他视觉对象左上角均显示图8-12所示的三个图标，从左到右依次为"筛选器""突出显示""无"。这三个按钮的作用如下。

- **筛选器：** 单击该图标将其选中，在视觉对象上单击形状或使用切片器筛选数据时，该视觉对象只显示对应的数据，而隐藏其他数据。
- **突出显示：** 单击该图标将其选中，在源视觉对象上单击形状或使用切片器筛选数据时，该视觉对象将高亮显示对应的数据，并且不会隐藏其他数据。
- **无：** 单击该图标使其选中，在源视觉对象上单击形状或使用切片器筛选数据时，该视觉对象不会发生任何变化。

图 8-12

动手练 使用切片器筛选

切片器是添加在画布中的视觉筛选器，使用切片器可以实现数据的快速筛选，下面介绍如何在报表页中添加及使用切片器。

Step 01 在"可视化"窗格中单击"切片器"按钮，即可向画布中添加一个切片器，如图8-13所示。

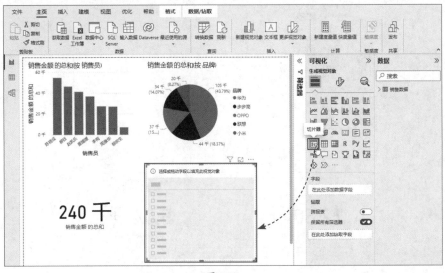

图 8-13

Step 02 在"数据"窗格中勾选"商品名称"复选框，即可将该字段添加到切片器中，如图8-14所示。

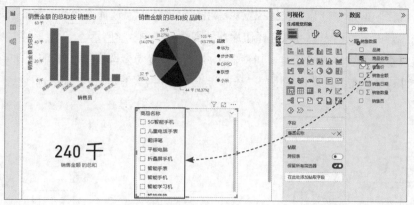

图 8-14

Step 03 在切片器中单击某个商品名称选项，即可在其他视觉对象中筛选出相关数据，如图8-15所示。

Step 04 按住Ctrl键依次单击其他商品名称，还可以同时筛选多种商品，如图8-16所示。

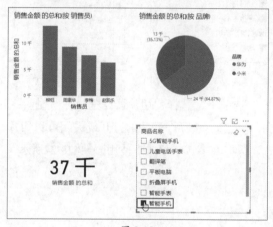

图 8-15

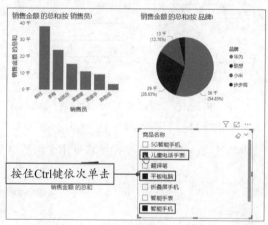

图 8-16

▌8.2.3 设置切片器样式

切片器默认为"垂直列表"样式，通过设置可将样式更改为"磁贴"或"下拉"样式，如图8-17～图8-19所示。

图 8-17

图 8-18

图 8-19

在"可视化"窗格中打开"设置视觉对象格式"选项卡，选择"切片器设置"→"选项"→"样式"，在展开的下拉列表中可以选择切片器的样式，如图8-20所示。

切片器以垂直列表样式显示时，切片器中的选项设置为多选模式，即可以同时选择多个项目，除此之外，也可在多选模式下添加"全选"，或将切片器的选项设置为单选模式，如图8-21～图8-23所示。

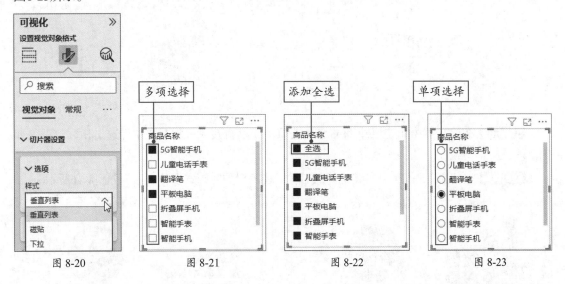

图 8-20   图 8-21   图 8-22   图 8-23

在"可视化"窗格中打开"设置视觉对象格式"选项卡，选择"切片器设置"→"选择"，通过"单项选择""使用CTRL选择多项"和"显示'全选'选项"开关的打开或关闭可将切片器中的选项设置为相应模式。需要注意的是"全选"只能在多选项模式下使用，如图8-24所示。

图 8-24

8.2.4 筛选器的应用

Power BI Desktop有三个固定的窗格，其中就包含"筛选器"窗格。筛选器中默认包含"此页上的筛选器"和"所有页面上的筛选器"。当报表页中添加了"切片器"并且被选中时，筛选器中还会显示"此页上的筛选器"，如图8-25所示。

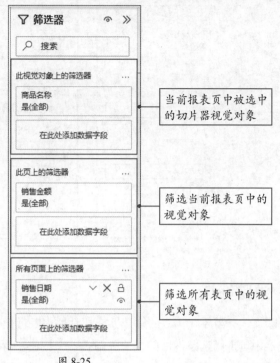

图 8-25

动手练 在筛选器中筛选数值型字段

用户可以将不同类型的字段添加到筛选器中。当添加的字段类型不同时，筛选器会提供不同的选项，下面以筛选数值型字段为例进行讲解。

Step 01 在"数据"窗格中选择一个数值型字段，此处选择"销售金额"字段，将其拖动到"筛选器"窗格中的"此页上的筛选器"下方的"在此处添加数据字段"处，如图8-26所示。

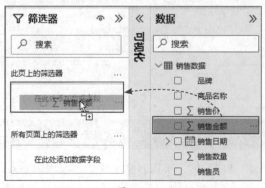

图 8-26

Step 02 字段添加成功后会显示更多操作选项，保持"筛选类型"为默认的"高级筛选"，单击"显示值为以下内容的项"下拉按钮，在下拉列表中选择"大于或等于"选项，如图2-27所示。

Step 03 在"大于或等于"下方文本框中输入具体值，此处输入1000，若要筛选同时符合多种条件的数据，可以再选中"且"或"或"单选按钮，并继续设置条件，条件设置完成后单击"应用筛选器"按钮，即可执行相应筛选，如图8-28所示。

图 8-27　　　　　　　　　图 8-28

8.2.5　清除筛选

若要清除筛选，需要在相应的筛选器或切片器中进行操作。若是在筛选器中执行的筛选，可以在筛选器中单击筛选条件后的"清除筛选器"按钮，清除当前筛选条件，如图8-29所示。若要清除切片器中的筛选，则单击切片器右上角的"清除选项"按钮，如图8-30所示。

图 8-29　　　　　　　　　图 8-30

8.3　钻取视觉对象

使用Power BI Desktop的钻取功能，可以轻松掌控一个报表内不同层次的信息。还可以让数据的展示范围从比较宽的面上逐步聚焦到一个点上，从而发现数据的价值。

8.3.1　查看视觉对象表

当X轴或类别轴中包含多个字段时，将会在视觉对象中呈现层次结构，Power BI针对这种有层次结构的视觉对象提供钻取功能。下面介绍如何钻取视觉对象的详细数据。

Step 01 选中包含层次结构的视觉对象，打开"数据/钻取"选项卡，在"显示"组中单击"视觉对象表"按钮，如图8-31所示。

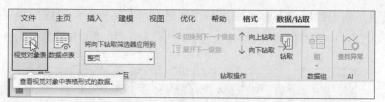

图 8-31

Step 02 所选视觉对象中的数据随即以表格形式在视觉对象下方显示，单击视觉对象右上角的"切换为竖排板式"按钮，如图8-32所示。

Step 03 视觉对象和表即可被设置为竖排显示，如图8-33所示。单击视觉对象右上角的"切换为横排板式"可恢复为横排显示。

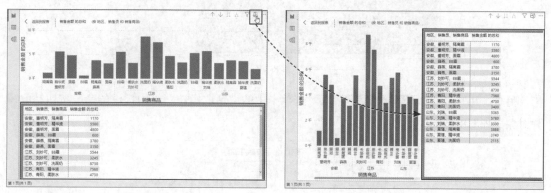

图 8-32   图 8-33

知识点拨

单击视觉对象左上角的"返回到报表"按钮可隐藏视觉对象表的显示。

8.3.2 钻取层次结构

通过钻取操作可以使包含层次结构的视觉对象显示不同层次的数据图形。钻取分为向上钻取和向下钻取。向上钻取是通过减少维数，将低层次的细节数据概括到高层次的汇总数据，在更大的粒度上查看数据信息；向下钻取是增加新的维数，从汇总数据深入到细节数据，在更小的粒度上观察和分析数据信息。

用户可以使用多种方法控制视觉对象层次结构的显示。比较常用的方法为，使用视觉对象提供的4个箭头形状的按钮进行钻取，如图8-34所示。

视觉对象中的4个箭头从左至右分别为"向上钻取""启用向下钻取""转至层次结构中的下一级别""展开层次结构中的所有下移级别"。

- **向上钻取：** 显示上一层结构。
- **启用向下钻取：** 启用"深化模式"，在该模式下，单击视觉对象中的数据点可以向下深化钻取该数据点的层级。
- **转至层次结构中的下一级别：** 一次性将当前所有字段钻取到下一个层次结构，无须选择任何数据点。

225

- **展开层次结构中的所有下移级别：**一次性展开所有字段，单击该按钮时，可向当前的视觉对象添加一个额外的层次结构级别，显示与当前相同的数据信息，并添加一级新的信息。

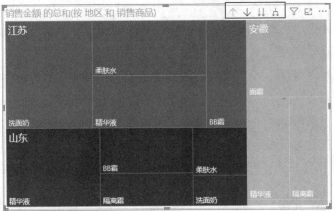

图 8-34

另外，用户还可以使用"数据/钻取"选项卡中的"钻取操作"组内提供的命令按钮钻取视觉对象，如图8-35所示。

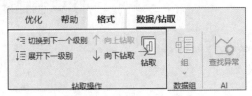

图 8-35

动手练 创建有层次结构的树状图

下面创建带有层次结构的柱状图，使用树状图进行钻取的好处在于，用户可以直观地看到当前层次结构下每部分与整体之间的比例，Power BI 会根据度量值确定每个矩形内的空间大小，矩形按照大小从左上方（最大）到右下方（最小）进行排列。

Step 01 在"可视化"窗格中单击"树状图"按钮，向画布中添加空白视觉对象，如图8-36所示。

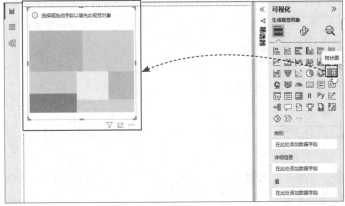

图 8-36

Step 02 在"数据"窗格中打开"销售详情"表，选择"地区"字段，按住鼠标左键向"可视化"窗格中的"类别"区域拖动，如图8-37所示。

Step 03 松开鼠标后该字段即出现在了"类别"区域，如图8-38所示。

Step 04 参照上述方法继续向"类别"区域中添加"城市"和"销售员"字段，并将"销售商品"字段添加到"详细信息"区域，将"销售金额"字段添加到"值"区域，如图8-39所示。

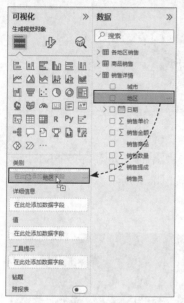
图 8-37

图 8-38

图 8-39

Step 05 字段添加完成后可拖动视觉对象四周的控制点调整其大小，使图表中的内容显示完整，如图8-40所示。

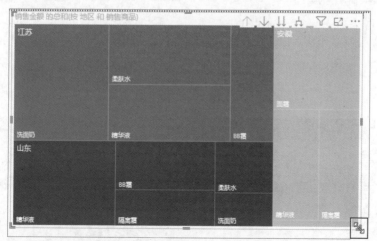
图 8-40

动手练 钻取树状图的层级结构

树状图创建完成后，便可以通过其右上角的各种钻取按钮（根据视觉对象的位置，这些按钮有可能显示在视觉对象右下角）钻取树状图各层级的结构。

Step 01 在视觉对象中单击 按钮，如图8-41所示，即可显示下一层级结构。

Step 02 继续单击该按钮可继续钻取下一级结构，直到按钮变为浅灰色不可操作，则说明已经钻取至最后一个层级，如图8-42所示。

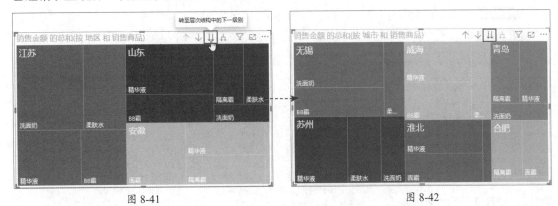

图 8-41   图 8-42

Step 03 当⬆按钮为可操作状态时，单击该按钮可钻取上一层级结构，如图8-43所示。该按钮变为浅灰色时，说明当前视觉对象中显示的是第一层级结构，如图8-44所示。

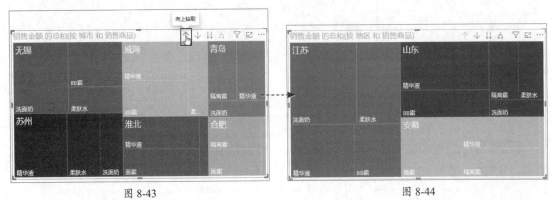

图 8-43   图 8-44

Step 04 视觉对象在第一层级结构时，单击⬇按钮，如图8-45所示，可以在当前层次结构中添加一级的信息，如图8-46所示。

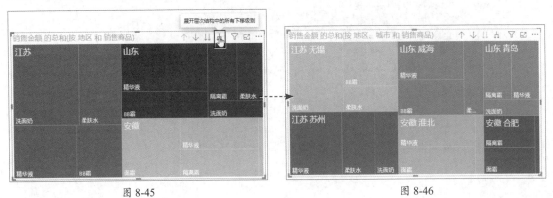

图 8-45   图 8-46

▌8.3.3 启用"深化模式"钻取数据点

在视觉对象中单击↓按钮，可以启动"深化模式"，如图8-47所示。此时↓按钮会变为⬇形状，在视觉对象中单击指定的数据点，如图8-48所示。

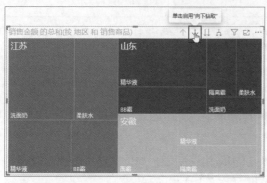

图 8-47

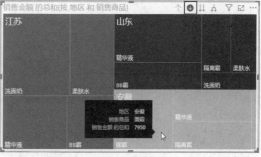

图 8-48

视觉对象中随即显示所选数据点的下一层级信息，继续在该层级下单击数据点，如图8-49所示。可以继续向下钻取该数据点的详细信息，在钻取数据点信息时可以通过视觉对象中的 ⬆（向上钻取）按钮返回上一层级信息，若要退出"深化模式"，可以单击 ⬇ 按钮，如图8-50所示。

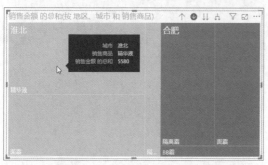

图 8-49

图 8-50

除了树状图，其他的许多视觉对象也可以使用钻取功能，只要数据具有层次结构即可，如柱形图、地图（常用于有层次结构的地理数据）、折线图等都可以使用钻取功能。

8.3.4 手动创建层次结构

层次结构列指的是一个表当中具有上下级层级关系的两个或多个数据列组成的列组。这个列组可以作为一个普通数据列创建可视化图形，并且使构造的可视化图形具备向下穿透的能力。

在Power BI中最典型的层次结构列便是日期列，默认情况下，当导入数据时，Power BI Desktop会默认将字段列表中的日期类型数据显示为层次结构，并按日期信息构造一个包含年、季度、月份以及日的层次结构列，如图8-51所示。

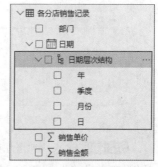

图 8-51

动手练 为文本字段创建层次结构

"各地区销售"表中的"地区"列中包含的是省份信息,"城市"列中包含的是城市信息,下面为"地区""城市"和"销售员"创建层次关系。

Step 01 在"数据"窗格中单击"各地区销售"表左侧的 ▷ 按钮,展开该表中的所有字段,随后右击"地区"字段,在弹出的快捷菜单中选择"创建层次结构"选项,如图8-52所示。

Step 02 "各地区销售"表中随即出现"地区 层次结构"字段,如图8-53所示。此时该层次关系中只包含"地区"字段,接下来还需要向该层次关系中添加下级字段。

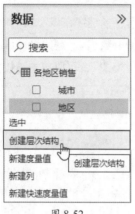

图 8-52   图 8-53

Step 03 在"各地区销售"表中右击"城市"字段,在弹出的菜单中选择"添加到层次结构"选项,在其下级列表中选择"地区 层次结构"选项,如图8-54所示。

Step 04 右击"销售员"字段,在弹出的快捷菜单中选择"添加到层次结构"选项,在其下级列表中选择"地区 层次结构"选项,如图8-55所示。

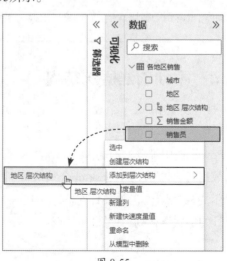

图 8-54   图 8-55

Step 05 展开"地区 层次结构"组,此时可以看到其中所添加的字段,字段越靠上,层次等级越高,如图8-56所示。

Step 06 勾选"地区 层次结构"右侧的复选框,将其中的所有字段全部选中,随后勾选

Excel与Power BI数据分析及可视化标准教程(实战微课版)

"销售金额"字段，向画布中添加报表，如图8-57所示。

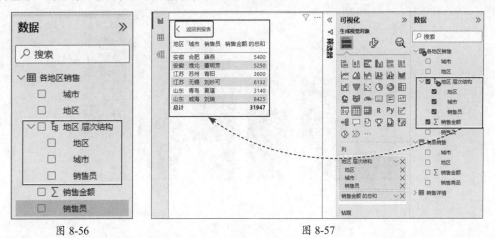

图 8-56 图 8-57

Step 07 在"可视化"窗格中单击"簇状柱形图"按钮，将报表转换成相应的可视化图形，在该簇状柱形图中便可以通过单击箭头形状的钻取按钮，按照层次关系查看销售金额，如图8-58所示。

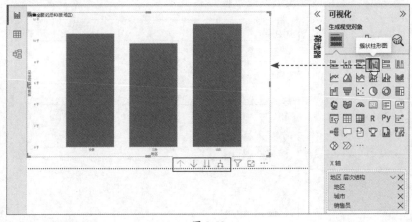

图 8-58

Step 08 此时簇状柱形图默认显示第一级别，即"地区"系列，单击 ⊞ 按钮，如图8-59所示。可视化图形中随即显示层次结构中下一级别的数据，即"城市"数据系列，如图8-60所示。

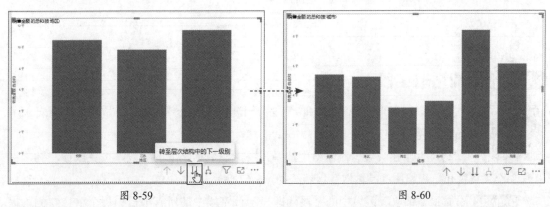

图 8-59 图 8-60

Step 09 单击 ⊟ 按钮，可以钻取层次结构中的所有级别，如图8-61所示。

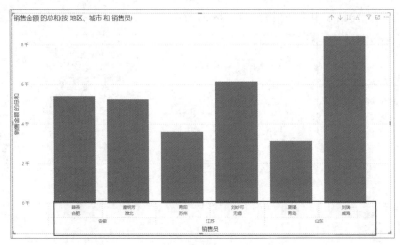

图 8-61

8.3.5 在"可视化"窗格中钻取数据

"可视化"窗格中包含"钻取"区域,如图8-62所示。不具备层次结构的视觉对象可以通过向"可视化"窗格中添加钻取字段来钻取数据。

图 8-62

动手练 添加钻取字段

下面以向条形图中添加钻取字段为例进行讲解,并在添加钻取字段之后对该字段中的指定项目进行钻取。

Step 01 在"数据"窗格中选择需要用于数据钻取的字段,按住鼠标左键,将其移动至"可视化"窗格中的"钻取"区域,如图8-63所示。

Step 02 添加到"钻取"区域中的字段随即显示该字段中的所有项目,每个项目左侧均提供复选框,勾选需要钻取的项目,可视化视图中随即显示相应内容,如图8-64所示。

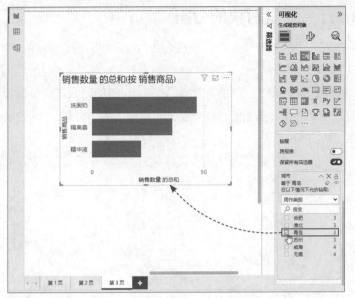

图 8-63   图 8-64

Step 03 按住Ctrl键不放，在"钻取"区域中依次单击其他项目前面的复选框，可以同时钻取多个项目数据，如图8-65所示。

Step 04 在"钻取"区域中还可以同时添加多个字段，并同时钻取不同字段中的多个项目的数据，如图8-66所示。

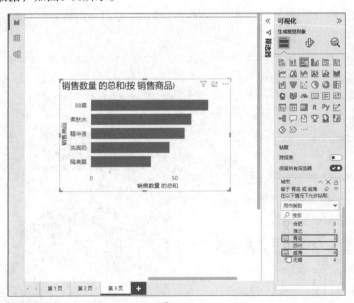

图 8-65   图 8-66

8.4 分组和装箱

在创建视觉对象后，使用"分组"功能，可以对报表中的按钮、文本框、形状、图像以及其他视觉对象进行分组，通过分组可以将组视为单个对象，从而更轻松、快速且直观地移动、调整大小和处理报表中的图层。

8.4.1 视觉对象的分组

报表页中的视觉对象可以通过合并组合成组，便于移动、调整大小、设置格式等。下面介绍具体的操作方法。

Step 01 先选中一个视觉对象，按住Ctrl键的同时依次单击要添加在一个分组的其他视觉对象，打开"格式"选项卡，在"排列"组中单击"分组"下拉按钮，在下拉列表中选择"分组"选项，如图8-67所示。

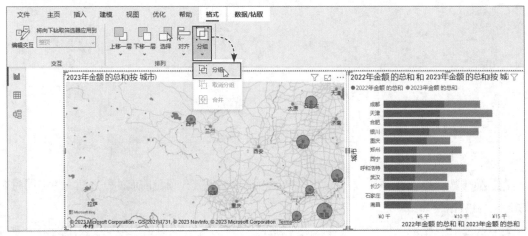

图 8-67

Step 02 所选视觉对象随即被合并为一个分组，用户可以对一个分组中的所有对象同时执行调整大小、移动位置等操作，如图8-68所示。

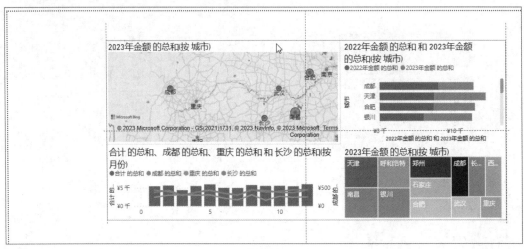

图 8-68

动手练 **合并分组**

若想将后续创建的视觉对象添加到视觉对象分组中，可以将新添加的视觉对象和分组视觉对象同时选中。

单击"分组"按钮，在下拉列表中选择"分组"或"合并"选项即可完成合并，如图8-69所示。

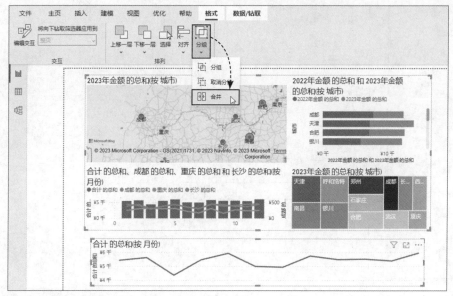

图 8-69

8.4.2 取消分组

若要取消分组，可以将分组视觉对象选中，在"格式"选项卡中单击"分组"下拉按钮，在下拉列表中选择"取消分组"选项，如图8-70所示。

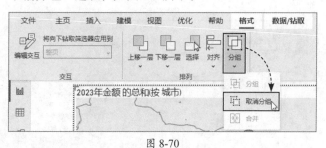

图 8-70

8.4.3 字段的分组装箱

在Power BI Desktop中可以对数字和时间类型的字段设置装箱大小。借助装箱，可以合理精简 Power BI Desktop显示的数据。

动手练 对日期字段分组装箱

下面对表中的"订单日期"字段进行分组装箱，设置装箱的大小以"天"为单位，每箱为20天。

Step 01 在"数据"窗格中右击"订单日期"字段，在弹出的快捷菜单中选择"创建组"选项，如图8-71所示。

Step 02 弹出"组"对话框，此时默认的名称为"订单日期（箱）"，组类型默认为"箱"，用户可以在"装箱大小"文本框中输入具体的数值，另外还可以选择日期的单位，此处保持使用默认的单位"天"，单击"确定"按钮，如图8-72所示。

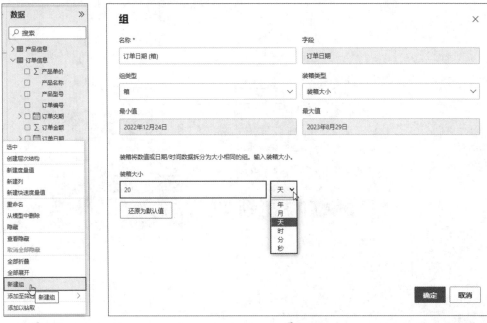

图 8-71   图 8-72

Step 03 "数据"窗格中对应的表中随即出现"订单日期（箱）"组，勾选该组左侧的复选框，随后勾选数值型字段"订单金额"复选框，画布中随即显示装箱分组后的报表效果，如图8-73所示。

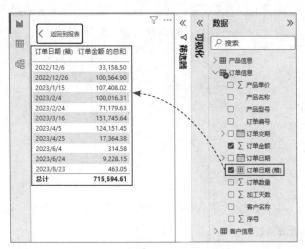

图 8-73

动手练 更改装箱大小

对指定字段设置分组装箱后，还可以根据需要对该组的装箱大小进行更改，具体操作方法如下。

Step 01 在"数据"窗格中右击"分组"字段，在弹出的快捷菜单中选择"编辑组"选项，如图8-74所示。

Step 02 打开"组"对话框，修改日期的单位为"月"，装箱大小为1，单击"确定"按钮，如图8-75所示。

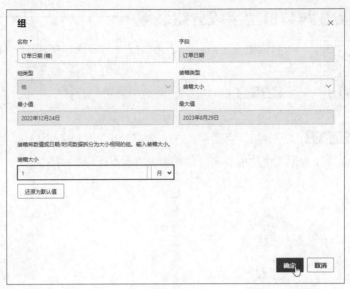

图 8-74

图 8-75

Step 03 报表中的"订单日期（箱）"字段的分组效果随即发生变化，如图8-76所示。

订单日期 (箱)	订单金额 的总和
2022年12月	36,493.00
2023年1月	197,860.43
2023年2月	113,141.80
2023年3月	214,498.77
2023年4月	142,662.04
2023年5月	932.79
2023年6月	882.24
2023年7月	8,660.49
2023年8月	463.05
总计	715,594.61

图 8-76

Step 04 切换到数据视图，还可以查看"订单日期（箱）"的详细分组情况，如图8-77所示。

序号	订单日期	订单编号	客户名称	产品名称	产品型号	订单数量	产品单价	订单金额	订单交期	加工天数	订单日期 (箱)
1	2022年12月24日	QT511572-004	鹏程制鞋业	YY85	Z11-085	2350	14.11	33158.5	2023年1月8日	15	2022年12月
2	2022年12月31日	QT511689-004	四海餐饮	YY85	Z12-033	25	2.18	54.5	2023年1月11日	11	2022年12月
3	2022年12月31日	QT511909-001	四海餐饮	YY85	Z01-018	100	2.71	271	2023年1月8日	8	2022年12月
4	2022年12月31日	QT511962-008	四海餐饮	YY85	Z01-033	425	7.08	3009	2023年1月11日	11	2022年12月
5	2023年1月2日	QT511689-005	四海餐饮	YY85	Z12-034	25	20.19	504.75	2023年1月11日	9	2023年1月
6	2023年1月2日	QT511873-001	旭日实业	LC31	C01-232	75	24.65	1848.75	2023年1月19日	17	2023年1月
7	2023年1月2日	QT511909-002	四海餐饮	YY85	Z01-019	100	5.45	545	2023年1月8日	6	2023年1月
8	2023年1月4日	QT511497-016	东方皮革厂	LC62	C12-232	10	5.09	50.9	2023年1月23日	19	2023年1月
9	2023年1月4日	QT511588-005	飞渡户外	YY85	Z12-029	1425	1.27	1809.75	2023年1月11日	7	2023年1月
10	2023年1月4日	QT511962-004	四海餐饮	YY85	Z01-029	425	19.19	8155.75	2023年1月11日	7	2023年1月
11	2023年1月5日	QT511587-004	飞渡户外	YY85	Z12-028	1750	4.98	8715	2023年1月11日	6	2023年1月
12	2023年1月5日	QT511962-002	四海餐饮	YY85	Z01-027	425	14.81	6294.25	2023年1月11日	6	2023年1月
13	2023年1月5日	QT511586-005	飞渡户外	YY85	Z12-027	2300	15.33	35259	2023年1月11日	5	2023年1月
14	2023年1月6日	QT511962-001	四海餐饮	YY85	Z01-026	425	4.63	1967.75	2023年1月11日	5	2023年1月
15	2023年1月7日	QT511674-001	裕发贸易公司	LC32	C01-176	175	5.4	945	2023年1月11日	4	2023年1月
16	2023年1月7日	QT511962-006	四海餐饮	YY85	Z01-031	425	12.68	5389	2023年1月11日	4	2023年1月
17	2023年1月8日	QT511980-026	东广皮革厂	LC123	M003-077	425	21.02	8933.5	2023年1月11日	3	2023年1月
18	2023年1月8日	QT511589-005	飞渡户外	YY85	Z12-030	1500	2.38	3570	2023年1月11日	3	2023年1月
19	2023年1月8日	QT511875-001	旭日实业	LC31	C01-236	75	10.02	751.5	2023年1月19日	11	2023年1月
20	2023年1月8日	QT511962-005	四海餐饮	YY85	Z01-030	425	3.67	1559.75	2023年1月11日	3	2023年1月
21	2023年1月11日	QT511874-001	旭日实业	LC31	C01-234	75	9.22	691.5	2023年1月25日	14	2023年1月
22	2023年1月11日	QT511874-002	旭日实业	LC31	C01-235	75	4.64	348	2023年1月25日	14	2023年1月

图 8-77

动手练 对数值型字段分组装箱 ━━━━━━━━━━━━━━━━━━━━━━━━━━━━━●

对数值型字段进行装箱的方法与日期型字段的操作方法基本相同，具体操作方法如下。

Step 01 在"数据"窗格中右击"合计"字段，在弹出的快捷菜单中选择"新建组"选项，如图8-78所示。

Step 02 打开"组"对话框，在"装箱大小"文本框中输入"2000"，单击"确定"按钮，即可完成该数值型字段的装箱，如图8-79所示。

图 8-78

图 8-79

8.4.4 使用切片器筛选装箱字段

将装箱的数值型字段添加到"切片器"视觉对象中，便可以通过拖动滑块迅速交叉筛选报表中的其他视觉对象。

Step 01 在"可视化"窗格中单击"切片器"按钮，向画布中添加空白切片器，如图8-80所示。

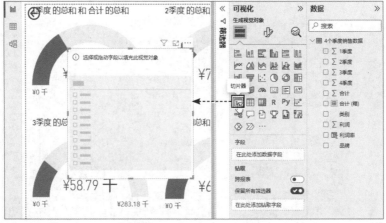

图 8-80

Excel与Power BI数据分析及可视化标准教程（实战微课版）

238

Step 02 在"数据"窗格中勾选"合计（箱）"字段复选框，筛选器中随即显示控制最大值和最小值的操作滑杆，如图8-81所示。

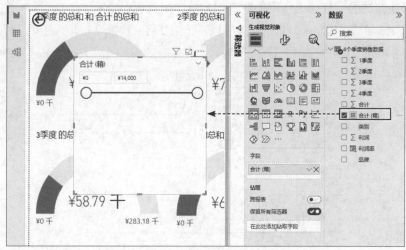

图 8-81

Step 03 调整好切片器的大小和位置，拖动滑杆上的圆形滑块控制最小值或最大值的范围，其他可视化对象随即做出相应变化，如图8-82所示。

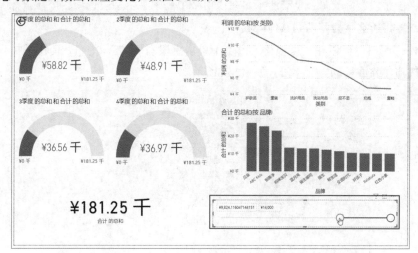

图 8-82

1. Q: 如何让筛选的字段结果作用于所有报表页中的视觉对象？

A: 将字段添加到设置页面筛选的区域中以后，需要将"跨报表"开关打开。默认情况下，在"可视化"窗格底部的"钻取"区域中可以看到该开关为关闭状态，如图8-83所示。通过单击可使其变为开启状态，如图8-84所示。

图 8-83　　　　　　　图 8-84

2. Q: 如何删除或移动已经添加到视觉对象中的字段？

A: 选中视觉对象，在"可视化"窗格中的指定区域内单击要删除的字段右侧的×按钮，即可将该字段删除，如图8-85所示。在该窗格中选中某个字段选项，按住鼠标左键进行拖动，可将所选字段移动到其他区域。

另外，用户也可以在"可视化"窗格中单击字段右侧的 ∨ 按钮，使用下拉列表中提供的选项删除或移动当前字段，如图8-86所示。

图 8-85　　　　　　　　　图 8-86